石炭火力発電 Q&A

「脱石炭」は世界の流れ

気候ネットワーク――編
KIKO NETWORK

かもがわ出版

はじめに

　私たちは今、エネルギーをめぐる二つの大きな問題に直面しています。一つは深刻な事故を起こし、廃棄物処理のめどもたっていない原発問題、もう一つは石炭・石油・天然ガスといった化石燃料によって進む地球温暖化問題です。そのうち本書がテーマにするのは、石炭火力発電です。なぜなら、この石炭火力発電こそが世界で今、大きな問題となっており、また日本ではこの問題が驚くほどに知られていないからです。

　ご存じのとおり、石炭火力発電は古くから使われてきました。日本でもたくさん利用されてきました。ところが、京都議定書の発効に伴い、温暖化対策の必要性の高まりを受けて、2010年に福島県での石炭火力発電所建設計画が中止になって以降、数年の間は新たな計画がありませんでした。しかし、2011年の東京電力福島第一原子力発電所の事故の後に大きな転機を迎え、現在たくさんの計画が浮上しているのです。

　石炭火力発電には、問題が山ほどあります。大量の二酸化炭素（CO_2）を排出し、地球温暖化を加速させることはもちろん、健康を害するPM2.5など大気汚染の原因にもなります。今後の事業性自体にも危うさがあります。しかし、日本では、それらの問題は、まだ十分に取り上げられていません。

　近年、世界のあちらこちらで、気候異変による大災害が起こっています。気候変動を防ぐために、2015年12月に国連でパリ協定が採択され、今世紀後半には地球全体で温室効果ガスの排出を実質ゼロとすることを決めました。つまり、化石燃料の時代は終わるということです。それを受け、地球規模でよりクリーンな脱炭素の経済社会への転換が始まっています。世界各地では、CO_2の排出が多い石炭火力やリスクが大きい原子力からの脱却が進み、安価になった太陽光や風力などの再生可能エネルギーの導入が勢いよく進んでいます。しかし、こうした世界の流れに逆行して、原

はじめに　　3

発と石炭を推進し続けようとしているのが日本なのです。

　本書では石炭火力発電に突き進むことがなぜ問題なのかを、数値データや具体的な根拠とともに、わかりやすく解説しています。お読みいただくと、石炭火力の利用をいち早くやめていかなければならないことが、ご理解いただけることでしょう。

　私たちには、生きる基盤であるエネルギーを自ら選択する責任と権利があります。本書がその選択のための一助となることを期待しています。

◆ 目　次 ◆

はじめに …………………………………………………………………………　3

Q1：日本に石炭火力発電所はいくつあるの？ ………………………………　6

Q2：新しい石炭火力は高効率でクリーン？ …………………………………　12

Q3：石炭火力の温暖化への影響は？ …………………………………………　18

Q4：大気汚染による健康被害は？ ……………………………………………　24

Q5：石炭火力は安くて経済的？ ………………………………………………　31

Q6：原発か石炭か？　それとも再生可能エネルギー？ ……………………　38

Q7：どうして石炭火力の増加が止まらないの？ ……………………………　44

Q8：諸外国が「脱石炭」に向かっているってホント？ ……………………　50

Q9：日本の石炭火力の輸出は途上国に役立っているの？ …………………　55

Q10：石炭火力問題に、私たちには何ができるの？ ………………………　60

コラム：広がる市民のアクション〜これまでの活動とその成果 ……　67

あとがき ………………………………………………………………………　73

Q1 日本に石炭火力発電所はいくつあるの？

A：国内に100基以上。さらに、福島第一原発事故後に50基もの新増設計画が！

1. 100基以上ある石炭火力発電所

現在、日本には100基以上の石炭火力発電所があります。大小あわせると合計で約4200万kW（大型原発42基分）にもなります。また、石炭火力発電による発電量は1990年以降増え続けており、現在、電気の約30%をまかなっています。古くからある技術なのですが、日本では、この技術にまだ大きく依存しているのです。しかし、2010年を最後に、しばらく石炭火力発電所の新設計画は途絶えていました。

2. 3・11後に急増した石炭火力発電所の新設計画

石炭火力をめぐって新しい転機が訪れたのが、2011年3月11日の東日本大震災による東京電力福島第一原子力発電所の事故です。2012年にすべての原発が止まり、将来の原発の行方が見えなくなってしまいまし

た。すると政府や事業者は、石炭火力の推進へと動き出したのです。また、2016 年 4 月からは、電力小売全面自由化が始まり、新規に参入した電気事業者が、安い電源として石炭火力発電の開発に着手し始めました。

　この 2 つの変化の影響で、石炭火力発電ラッシュの波がおとずれ、2012 年以降のわずか数年で、大小あわせてなんと 50 基もの石炭火力発電所の新規建設が計画されました。

　①大規模火力発電所の計画
　大きな発電所は、大半が 1 基あたり 50 万〜 100 万 kW もあります。このように、環境に影響が大きい大規模事業は、国の環境影響評価法（環境アセスメント法）の対象となり、事前に環境への影響を評価しなくてはならないことになっています。2012 年以降に新たに計画された大規模な石炭火力発電所は、31 基に上ります（うち、5 基は計画中止）。これらの発電所は、環境アセスメントの手続きがあるので、計画から運転が始まるまで最短でも 6 〜 7 年かかります。そのため、現在ある計画の多くは、2020 年以降の運転開始が予定されています。この中には、1980 年代後半に計画された後、長い間、休眠状態であったものが復活したものもあります。能代 3 号機と松浦 2 号機は、現在の環境アセスメントの制度ができる前に計画され認可されたもので、復活後は、環境アセスメント手続きを経ずに、建設が開始されました。

Q1：日本に石炭火力発電所はいくつあるの？

表 1-1 大規模火力発電所の計画（2018 年 4 月現在）

	発電所名	運営会社 （ ）内は最終的な親会社・出資者等	都道府県	運転開始	稼動	設備容量 （万kW）	発電技術	バイオマス
1	能代3号機	東北電力	秋田	2020年6月		60.0	USC	
2	秋田港発電所(仮)1号機	丸紅、関電エネルギーソリューション	秋田	2024年3月		65.0	USC	
3	秋田港発電所(仮)2号機	丸紅、関電エネルギーソリューション	秋田	2024年6月		65.0	USC	
4	石巻雲雀野発電所1号	日本製紙石巻エネルギーセンター（日本製紙、三菱商事）	宮城	2018年3月	○	14.9	Sub-C	○
5	大型石炭ガス化複合発電設備実証計画(勿来)	勿来 IGCC パワー合同会社（三菱商事パワー、三菱重工、三菱電機、東京電力他）	福島	2020年9月		54.0	IGCC	
6	大型石炭ガス化複合発電設備実証計画(広野)	広野 IGCC パワー合同会社（三菱商事パワー、三菱重工、三菱電機、東京電力）	福島	2021年9月		54.0	IGCC	
7	発電所名不明	相馬共同火力発電（東北電力、東京電力、中部電力）	福島	不明		100.0	不明	
8	鹿島火力発電所2号機	鹿島パワー（電源開発、新日鐵住金）	茨城	2020年7月		64.5	USC	
9	常陸那珂共同火力発電所1号機	常陸那珂ジェネレーション（JERA（東京電力、中部電力））	茨城	2020年度		65.0	USC	
10	千葉袖ケ浦火力発電所1号機(仮)	千葉袖ケ浦エナジー（出光興産、九州電力、東京ガス）	千葉	2025年		100.0	USC	△
11	千葉袖ケ浦火力発電所2号機(仮)	千葉袖ケ浦エナジー（出光興産、九州電力、東京ガス）	千葉	2026年		100.0	USC	△
12	(仮)蘇我火力発電所	千葉パワー（中国電力、JFEスチール）	千葉	2024年		107.0	USC	
13	発電所名不明	関西電力	千葉	不明		100.0	不明	
14	横須賀火力発電所 新1号機	JERA（東京電力、中部電力）	神奈川	2023年		65.0	USC	
15	横須賀火力発電所 新2号機(仮)	JERA（東京電力、中部電力）	神奈川	2024年		65.0	USC	
16	武豊火力発電所 5号機	中部電力	愛知	2022年3月		107.0	USC	○
17	神戸製鉄所火力発電所(仮)新設1号機	神戸製鋼所	兵庫	2021年度		65.0	USC	
18	神戸製鉄所火力発電所(仮)新設2号機	神戸製鋼所	兵庫	2022年度		65.0	USC	
19	石炭ガス化燃料電池複合発電実証事業	大崎クールジェン（中国電力、電源開発）	広島	2017年3月	○	16.6	IGCC	
20	竹原発電所新1号機	電源開発	広島	2020年6月		60.0	USC	
21	三隅発電所2号機	中国電力	島根	2022年11月		100.0	USC	
22	トクヤマ東発電所第3号	TKE3（トクヤマ、丸紅、東京センチュリー）	山口	2022年4月		30.0	不明	○
23	西沖の山発電所(仮)1号機	山口宇部パワー（電源開発、大阪ガス、宇部興産）	山口	2023年		60.0	USC	
24	西沖の山発電所(仮)2号機	山口宇部パワー（電源開発、大阪ガス、宇部興産）	山口	2025年		60.0	USC	
25	西条発電所新1号機	四国電力	愛媛	2023年3月		50.0	USC	
26	松浦発電所2号機	九州電力	長崎	2019年12月		100.0	USC	

出典：気候ネットワーク「石炭発電所ウォッチ」（2018 年 4 月末現在）
http://www.sekitan.jp/plant-map/

②小規模火力発電所の計画

　小規模の計画もあります。環境アセスメントの対象基準（11.25 万 kW
以上）を下回る規模の発電所の場合、国の環境アセスメントの手続きが必
要ないため、計画されてから 1 〜 2 年程度で建設が始まります。2012 年
以降には、小規模の石炭火力発電所の計画が、19 基も立ち上がりました
（うち、1 基は計画中止）。環境アセスメントの対象の下限をわずかに下回
る 11.2 万 kW のものがほとんどで、アセスメントを逃れるためのサイズ

表 1-2　小規模火力発電所の計画（2018 年 4 月現在）

	発電所名	運営会社 （　）内は最終的な親会社・出資者等	都道府県	運転開始	稼動	設備容量 （万kW）	発電技術	バイオマス
1	釧路火力発電所	釧路火力発電所（釧路コールマイン、IDIインフラストラクチャーズ等）	北海道	2019年		11.2	不明	○
2	日本製紙秋田工場発電所	日本製紙	秋田	2018年11月		11.2	不明	○
3	仙台パワーステーション	仙台パワーステーション（関電エネルギーソリューション、エネクス電力）	宮城	2017年10月	○	11.2	不明	
4	（仮称）仙台高松発電所	住友商事	宮城	2021年上期		11.2	Sub-C	○
5	相馬中核工業団地内発電所	相馬共同自家発開発合同会社	福島	2018年3月		11.2	不明	
6	相馬石炭・バイオマス発電所	相馬エネルギーパーク合同会社(オリックス)	福島	2018年4月		11.2	不明	○
7	いわきエネルギーパーク	エイブル	福島	2018年4月		11.2	不明	
8	かみすパワー	かみすパワー（関電エネルギーソリューション、他）	茨城	2018年		11.2	不明	
9	鈴川エネルギーセンター	鈴川エネルギーセンター（日本製紙、三菱商事、中部電力）	静岡	2016年9月	○	11.2	Sub-C	○
10	名古屋第2発電所	中山名古屋共同発電	愛知	2017年9月	○	11.0	Sub-C	
11	名南共同エネルギー	名南共同エネルギー（名港海運、西華産業他）	愛知	2018年2月		3.1	Sub-C	
12	不明	MC川尻エネルギーサービス（三菱商事）	三重	2019年		11.2	不明	
13	水島MZ発電所	水島エネルギーセンター（関西電力、三菱商事、三菱化学）	岡山	2017年12月		11.2	不明	
14	海田発電所	海田バイオマスパワー（広島ガス、中国電力）	広島	2021年3月		11.2	不明	○
15	不明	旭化成ケミカルズ	宮崎	2018年3月		6.0	その他	
16	防府バイオマス・石炭混焼発電所	エア・ウォーター＆エネルギア・パワー山口（エア・ウォーター、中国電力）	山口	2019年7月		11.2	不明	○
17	バイオマス混焼発電施設	響灘エネルギーパーク合同会社(オリックス、ホクザイ運輸)	福岡	2018年7月		11.2	不明	○
18	響灘火力発電所	響灘火力発電所(IDIインフラストラクチャーズ)	福岡	2019年2月		11.2	不明	

出典：気候ネットワーク「石炭発電所ウォッチ」(2018 年 4 月末現在)
http://www.sekitan.jp/plant-map/

Q1：日本に石炭火力発電所はいくつあるの？

にしていることがわかります。

　小規模でも、地方自治体が環境アセスメント制度を条例で独自に定めている場合には、条例に基づいてアセスメントが実施されることもあります。しかし、条例もない場合、そのまま建設され、稼働してしまったものもあります。静岡県の鈴川エネルギーセンター、宮城県の仙台パワーステーション、愛知県の名古屋第2発電所などです。その他の計画も、2018年から2019年にかけて次々と稼働する予定です。

3. 日本の石炭火力発電所、このままだと2020年代後半に史上最大級に

　計画された大小50基の石炭火力発電所の設備容量は、約2100万kW

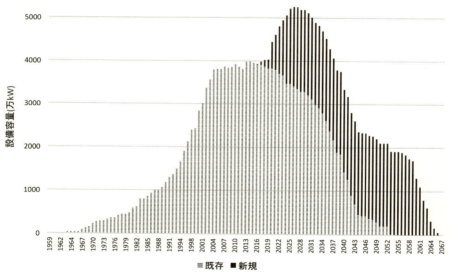

図1-1　既存の石炭火力発電所と新規計画
石炭火力発電所の設備容量累積（40年で廃止するケース）

出典：気候ネットワーク（石炭発電所ウオッチ）

にものぼります（大型原発21基分程度）。このうちすでに8基は、稼働が始まりました（2018年4月現在）。2017年には4基の計画、そして2018年4月に2基の計画の中止が発表されましたが（詳細はコラム参照）、その他の発電所でも建設が始まっているか、計画に沿って準備が進行中です。計画された発電所がすべて建設されると、日本の石炭火力発電所の設備容量は、2020年代後半には既存分とあわせて史上最大級となります。しかし現状では、歯止めをかける規制や仕組みがなく、計画が進んでいる状況です。

　これらの石炭火力発電所の新規建設には、見過ごすことのできない様々な重大な問題があります。それらの問題を順に見ていきましょう。

Q2 新しい石炭火力は高効率でクリーン？

A：高効率でも CO_2 を大量に排出し、有害物質も完全には取り除けません。

1. 石炭火力発電の技術のしくみ

　火力発電は、燃料を燃やしてお湯を沸かし、その蒸気でタービンを回して発電する技術です。使用される燃料は主に、液化天然ガス（LNG）と石炭です。石油は今ではあまり使用されなくなりました。発電方式としては、蒸気でタービンを回して発電する汽力発電と、高温の燃焼ガスを発生させるエネルギーによってガスタービンを回すガス

タービン発電とがあります。また、この2つを組み合わせ、ガスタービンの廃熱を使って蒸気タービンで発電する方式を、コンバインドサイクル発電といいます。

　一般的な石炭火力発電所のしくみは図2-1のとおりです。

図2-1　石炭火力発電所のしくみ

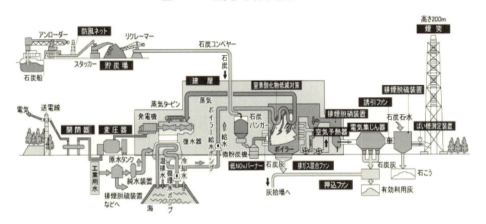

出典：九州電力石炭火力発電所の概要（苓北発電所）
http://www.kyuden.co.jp/effort_thirmal_new_index

　現在、石炭火力発電で使用される石炭は、国産はほとんどありません。主にオーストラリアとインドネシアから輸入されています。採掘された石炭は、タンカーで日本に運ばれてきます。その過程では、炭鉱の環境破壊や大気・水の汚染などを引き起こし、運搬中には海の生態系に影響を与えています。日本ではほとんど耳にしませんが、それらの国々ではたくさんの反対運動があります。「石炭はクリーン」といわれるとき、日本に到着するまでの問題は度外視されています。

　日本に到着し、貯炭場に運び込まれた石炭は、粉末にしてボイラーで燃焼し、水を蒸発させます。そして、高温（約500〜600℃）・高圧の蒸気がタービンと発電機の軸を回転させ、電気をつくります。

　投入されたエネルギーが電気エネルギーに変換される割合を熱効率といい、数値が高いほど高効率になります。現状の熱効率は、石炭火力で約35〜45％、LNG火力で約45〜55％（発電端）です。残りの熱エネルギーの大部分は、蒸気を冷やすために使われ、温排水として周辺の川

Q2：新しい石炭火力は高効率でクリーン？

や海に排出されます。大型の発電所では大量の水を必要とするため、沿岸域での立地が多くなっています。高温の排気ガスは 100℃程度以下に下げてから、煙突から大気に放出されます。

2. 石炭火力発電から出る有害な廃棄物

石炭火力発電所からはさまざまな廃棄物が出てきます。煙突からは、二酸化炭素（CO_2）、窒素酸化物（NOx）、硫黄酸化物（SOx）などが気体として排出されます。地球温暖化の主な原因である CO_2 は、いまのところ処理する方法がなく、そのまま大気に排出されます。NOx や SOx（火力発電所ではほとんどが SO_2）は、非常に有害な大気汚染物質であるため、排出総量や濃度が規制されており、取り除く処理がされています（詳しくは Q4 を参照）。通常、NOx は化学処理され、SOx は固形化し再利用されています。しかし、100%処理できるわけではなく、処理装置をすり抜けて煙突から大気に放出されています。中国からの越境でよく知られるようになった微小粒子状物質（PM2.5）は、大気中に排出された SOx や NOx が化学的に変化して生成されることが知られています。

燃焼した後には石炭灰が固体物質としてたまります。石炭灰は、埋め立てや道路用の資材などに再利用されていると説明されていますが、石炭は産地によって成分が異なり、炭種独特の有害物質が含まれていますので、石炭灰の管理も十分に注意しなければ環境への悪影響が懸念されます。

人体にとても有害な水銀も、石炭に含まれています。日本国内の石炭火力発電所からは年間約 1.3 トンの水銀が大気に排出されています[1]。水銀は石炭灰にも含まれていますが、管理の対象とされていないため、実態がよくわかっていません。

表 2-1　火力発電技術の効率と CO_2 排出量

	単位	石炭				LNG
		亜臨界圧 (Sub-C)	超臨界圧 (SC)	超々臨界圧 (USC)	石炭ガス化複合 (IGCC)	コンバインドサイクル1400℃
設計熱効率(発電端・HHV)	%	39.1	41.3	42.6	46[*1]	51.7
1kWhあたりCO_2排出量	g-CO₂/kWh	865	817	785	735[*2]	350

出典：総合資源エネルギー調査会火力発電に係る判断基準ワーキンググループ報告書
(2016) より作成
http://www.meti.go.jp/committee/sougouenergy/shoene_shinene/sho_ene/karyoku/pd
f/report01_01.pdf

表の中の注記：
＊1 「石炭ガス化複合発電（IGCC）実証機の実証試験終了と商用転用」より。
http://www.joban-power.co.jp/wp/wp-content/uploads/2017/01/201305_Energy_and_power.pdf
＊2 「東京電力株式会社・常磐共同火力株式会社　福島復興大型石炭ガス化複合　発電設
備実証計画（勿来）　環境影響評価準備書に係る審査書（案）」より勿来 10 号機の
排出源単位データを記載。

3. 石炭火力発電技術の高効率化

　近年、石炭火力発電の技術は向上し、高効率になりました。1960 年代
後半以降に建設された発電所は、「亜臨界圧（Sub-Critical：Sub-C）」とい
う技術が主流で、比較的小規模でした。現在も、稼働から 50 年以上経過
している亜臨界圧の発電所が約 20 基あります。1970 年代後半からは「超
臨界圧（Super Critical：SC）」[2] という技術が使われるようになりました。
現在、超臨界圧の発電所が 10 基以上稼働しています。さらに 1990 年代
になると、発電能力の大きな「超々臨界圧（Ultra Super Critical：USC）」
という技術が実用化されました。現在、全国の 20 基以上の発電所でこの
技術が使われています。2014 年度の設備利用率は、亜臨界圧では 70％
程度ですが、超臨界圧・超々臨界圧では平均して 85％近くと高くなって
います。
　技術が向上すると、熱効率がよくなり、同じ量の電気をつくる上での
燃料が少なくすみ、CO_2 排出（排出原単位）を減らすことができます。

Q2：新しい石炭火力は高効率でクリーン？

亜臨界圧では、1kWh の電気を作るのに865 グラムの CO_2 を排出しますが、超臨界圧では817 グラム、超々臨界圧では785 グラムとなり、その分クリーンになっているといえます。しかし、LNG 火力と比べると超々臨界圧でも2倍以上の CO_2 を排出します（表2-1）。石炭火力発電所は、たとえ最高効率でも他の発電方式と比べると膨大に CO_2 を排出するのです。このことは、Q3 で述べるように、地球温暖化の観点からは重大な問題があります。

4. さらなる石炭火力の技術開発に未来はあるの？

　CO_2 排出を抑制するためのさらなる技術開発が進められています。

　一つは、石炭をガス化し、LNG と同じように発電する技術で、石炭ガス化複合発電（Integrated coal Gasification Combined Cycle：IGCC）とよばれています。この技術自体は古くからあり、東京の築地市場の移転先である豊洲の土壌汚染の問題はまさに、東京ガスの石炭ガス化工場の跡地でのことでした。現在は、福島県の勿来と広島県の大崎で IGCC 発電所の運転が始まっています。今後は、福島県の勿来と広野に建設計画（各54万 kW）があり、2020 年頃の運転開始がめざされています。この技術では、石炭に含まれる不純物の処理や、ガスの清浄化の設備が必要で、より多くの初期投資が必要になります。また、発電所内での電力消費量も増加するため、熱効率を向上させた分の電力量の増加にはつながりません。発電量 1kWh 当たりの CO_2 排出量は、約650 グラムに減ると予測されていますが、やはり膨大なことには変わりはありません。

　もう一つの技術として、発電所から発生した CO_2 を大気中に放出せずに回収し、地下に貯留する技術である二酸化炭素回収・貯留技術（Carbon Capture and Storage：CCS）も開発中です。しかし、大型の発電所に適用できる技術の実用化のめどは立っていません。また、貯留については、CO_2 をほぼ永久的に閉じ込めておく必要があり、海外では、石油や天然ガスの井戸に送り込む方法も検討されていますが、地震国の日本は、安

定的な地層が少なく、適地を探すのは大変です。北海道・苫小牧沖で小規模の貯留実験が行われていますが、年間何億トンもの CO_2 を貯留することはできません。インフラ整備や建設、運用時の動力・材料使用のコストが大きく、発電コストが他の発電方法と比べてとても高くなることも課題です。最近では、CO_2 を地下に貯留せず、有効活用することも検討され始めました。この技術が実用化されれば、火力発電を使用しながらゼロエミッションを実現できる可能性もありますが、地球温暖化を防ぐために求められる行動の時間軸と照らすと、実用化が間に合わなさそうなのが最大の問題です。

　政府や事業者は、これらの技術開発を積極的に進めていますが、CO_2 を大幅に削減できなかったり、その他の課題が多くすぐには実用化が見込めないため、時代の方向性を見誤った的外れな技術開発となりかねないのです。

---

1 平成 27 年度　第 3 回水銀大気排出抑制対策調査検討会（2016/3/4）
　「水銀大気排出インベントリー案（2014 年度対象）」
　http://www.env.go.jp/air/suigin/kentoukai2015/mat01_27_3-2.pdf
2 超臨界と呼ばれるのは、燃焼の温度・圧力条件が水の臨界点（臨界温度 374℃・臨界圧力 22.06MPa）を超えているためです。

Q3 石炭火力の温暖化への影響は？

A：影響はとても大きく、温暖化防止の国際条約「パリ協定」に逆行しています。

1. 私たち人類に深刻な影響を及ぼす地球温暖化

みなさんもよくご存じの地球温暖化は、今も進行しています。産業革命時から現在までに人類が排出してきた温室効果ガスによって、地球の平均気温は約1℃上昇しています。また、産業革命前に280ppm程度だった大気中のCO_2濃度は400ppmを超え、人類が経験したことのない水準に達しています。2014年以降、地球の平均気温は3年連続で観測史上最高を記録しました。

それに伴い気候関連の災害も深刻化しています。国連国際防災戦略事務局（UNISDR）は、2005～14年の間に発生した気候関連災害は、1985～94年のほぼ倍になり、1995年以降だけでも60万人以上が死亡したと報告しています。恐ろしいのは、平均気温が約1℃上昇しただけで、すでにこのような傾向があらわれているということです。気温がさらに上昇するのを止めなければ、生命や財産を守ることは難しく、安全保障、

貧困や格差、食料や水、経済や産業、人権などさまざまな側面で危機に直面します。このような事態はなんとしても避けなければなりません。

2. 石炭火力発電所は地球温暖化の最大の原因

　地球温暖化の主な原因は、化石燃料を燃やすことによって発生するCO_2です。石炭火力発電所では、電気をつくるためにたくさんの石炭を燃やし、CO_2が大気中に排出されますが、その量が、途方もなく大きいのです。100万kW級の大型の石炭火力発電所は、年間およそ600万トン[3]のCO_2を排出しますが、これは、日本の一般家庭でいえば120万世帯が1年間で排出するCO_2に匹敵する量です。実は、人間活動によるCO_2排出のうち、最大の排出源は石炭火力発電所なのです。石炭火力発電所が1つ動いてしまえば、私たちの省エネ・節電の努力によるCO_2削減の効果は吹き飛んでしまいます。身の回りの省エネだけでなく、電気のつくり方を変えなければ、地球温暖化は防げないのです。

　日本でも、温室効果ガス排出量の約3分の1が火力発電所からの排出で、最大の排出部門です。そのうち約半分が石炭火力です（図3-1）[4]。石炭の発電量は火力発電の3割程度なのですが、発電量あたりのCO_2排出量が多いため、CO_2排出量が最も大きいのです。

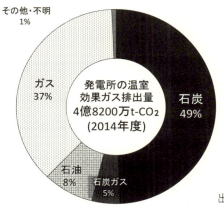

図3-1　発電所からの温室効果ガスの排出内訳（2014年度）

出典：環境省データより気候ネットワーク作成

Q3：石炭火力の温暖化への影響は？

3. まやかしの「クリーン・コール」

効率のよい石炭火力発電は、「クリーン・コール（きれいな石炭の意）」と呼ばれることがあります。Q2（12ページ）で紹介したように、古い技術に比べれば、超々臨界圧（USC）や石炭ガス化複合発電（IGCC）のCO_2排出量が少ないのは事実です。しかし、次世代型のどのような石炭発電技術でも、大量のCO_2を排出します。排出ゼロの太陽光や風力などの再生可能エネルギーとは比較になりません。

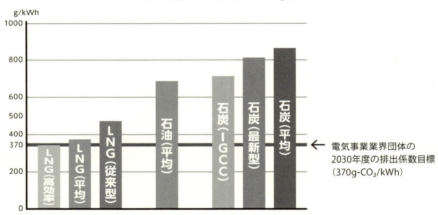

図3-2　発電技術・電源別のCO_2排出量

※1　石炭発電の使用電力量あたりのCO_2排出量は、最新型でも約800g-CO_2/kWh。一方、天然ガス火力発電所は、最新コンバインドサイクルで約350g-CO_2/kWh。
※2　石炭ガス化複合発電（IGCC）の使用電力量あたりのCO_2排出量は、約700g-CO_2/kWh程度。
出典：資源エネルギー庁のデータより気候ネットワーク作成

Q1（6ページ）で紹介した50基の石炭火力発電所の建設計画のうち、IGCCの技術を用いている発電所は3基のみです。大規模な発電所のほとんどは超々臨界圧（USC）を用いる予定ですが、小規模発電所の多くは効率の悪い亜臨界圧（Sub-C）です。これから作る石炭火力発電所でも、すべてが最新・最高効率というわけではないのです。

二酸化炭素回収・貯留技術（CCS）もまだ実用化されていないので、これを用いる計画は一つもありません。そのため、計画された50基の発電所がすべて動き出せば、約1億2000万トン（日本の温室効果ガス排出総量の1割弱）ものCO_2が毎年排出されることになります。つまり、クリーン・コールといっても、CO_2排出は全く抑えられないのです。一部の石炭火力発電の推進派による宣伝文句は、現実とはかけ離れています。

4．地球温暖化対策の国際条約「パリ協定」がめざすのは脱炭素

　2015年12月に国連会議で採択された国際条約「パリ協定」は、地球温暖化による深刻な悪影響を避けるため、今世紀末までの地球の平均気温の上昇を1.5～2℃未満に抑制することを目標に掲げました。そして、そのために今世紀後半に世界の温室効果ガス排出量を実質ゼロにすることにも合意しました。日本も、世界の国々とともに、このパリ協定に正式に参加しています。

　温室効果ガスの排出ゼロをめざすのですから、もう、これまで通りに化石燃料を使うことはできません。埋蔵されている化石燃料の8割以上は、掘り起こさずに地中にとどめておかなければならないとも試算されています。

　しかし、世界各国の行動は、その目標に全く足りていません。現在、各国が掲げる温室効果ガスの削減目標を合わせても、パリ協定の目標のために必要な削減量までには、大きなギャップがあります。国連環境計画（UNEP）は、この排出ギャップを埋めるために、石炭火力発電所の新増設を止め、既存の石炭火力発電所を閉鎖していくことが重要だと指摘しています[5]。国際的な研究機関も、「パリ協定の目標を達成するためには、これから数十年のうちに全世界で石炭火力発電所をゼロにしなければならならない。最も費用対効果の高い方法は、経済協力開発機構（OECD）諸国は2030年までに、中国は2040年までに、その他の国々も2050年までに石炭の利用をゼロにすることだ」としています[6]。日本もOECD諸

Q3：石炭火力の温暖化への影響は？　21

国の一つとして、2030 年までに石炭火力発電をゼロにする責任があるということです。

5. 日本の温室効果ガス削減目標を危うくする石炭火力計画

政府は、温室効果ガスの排出削減目標について、以下の通り定めています。

表 3-1　日本の温室効果ガス排出削減目標（2018 年 3 月時点）

目標年	削減目標	基準年
2010(2008～2012)年	6%削減	1990年比
2020年	3.8%以上削減	2005年比
2030年	26%削減	2013年比
2050年	80%削減	ー

日本は、京都議定書の 2008 ～ 2012 年 6% 削減目標について、国内削減の不足分を森林吸収や海外からのクレジットの利用で埋め合わせて、何とか達成しました。続く 2020 年の目標は、もともと 1990 年比 25% 削減でしたが、福島第一原発事故後に 2005 年比 3.8% 以上削減とゆるめられました。その後省エネが進み、再生可能エネルギーが普及した 2015 年時点で、すでに 3.8% の目標を超過達成しています。

日本の 2030 年の 26% 削減目標は、国際比較を行った研究機関の分析で、「とても不十分」と評価されているように [7]、高いとはいえません。その上、計画される石炭火力発電所の数があまりに多いため、そのすべてが稼働すると、現在の不十分な目標ですら達成が難しくなる可能性があります。環境省は、計画のすべてが稼働すると、石炭火力発電からの CO_2 排出量は、2030 年度の排出量全体の約 7% に相当する 6800 万トン程度超過すると指摘しています [8]。資源エネルギー庁も、計画のすべてが稼働すれば、2030 年目標を守るためには、設備利用率を現在の約 80% から

63%まで低下させなければならないことを示し[9]、現状の計画が多すぎることを暗に指摘しています。環境大臣は 2015 年以降、石炭火力発電計画のいくつかについて、環境アセスメント手続きにおける意見書で、「CO_2排出が大きいため、事業は『是認しがたい』」と述べています。

2050 年目標は 80%削減です。石炭火力は当然ゼロになっていなければならない時期ですが、これから建設される発電所は、平均的な稼動年数 40 年のうちに 2050 年を過ぎてしまうため、2050 年 80%削減の目標達成の大きな足かせになるでしょう。

日本が、このように多数の石炭火力発電所の建設を計画していることは、地球温暖化対策の観点から完全に矛盾するもので、パリ協定に完全に逆行しています。

---

3 アメリカのマサチューセッツ工科大学 (MIT) が 2007 年に発表したレポートに基づいて、設備容量から概算し推定される数値です。
4 気候ネットワーク (2017)「日本の温室効果ガス排出の実態 温室効果ガス排出量算定・報告・公表制度による 2014 年度データ分析」
5 UNEP、The Emissions Gap Report 2017
6 Climate Analytics," Implications of the Paris Agreement for Coal Use in the Power Sector", 2016
7 クライメート・アクション・トラッカー
http://climateactiontracker.org/countries/japan.html
8 環境省 (2018)「電気事業分野における地球温暖化対策の進捗状況の評価について」
http://www.env.go.jp/press/105307.html
9 総合資源エネルギー調査会火力発電に係る判断基準ワーキンググループ (2017)「資料 4」
http://www.meti.go.jp/committee/sougouenergy/shoene_shinene/sho_ene/karyoku/h29_01_haifu.html

Q4 大気汚染による健康被害は？

A：肺がん、ぜんそく、心疾患、早期死亡などのリスクが高まります。

1. 私たちの健康を脅かす大気汚染

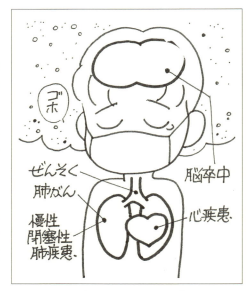

大気汚染は、最も身近な環境問題の一つです。汚染物質で汚れた空気のもとでは、肺がん、心疾患、脳卒中、慢性閉塞性肺疾患、ぜんそくなどの健康被害リスクが高くなることが知られています。大気汚染に由来する早期死亡者数（大気汚染の被害がなければもっと長生きしたはずの人の数）は、世界で毎年450万人にのぼります[10]。

日本でも、高度経済成長の時代は、四日市ぜんそくをはじめとする大気汚染公害が発生し、大勢の人々が苦しみました。大気汚染をなくすための市民活動や公害裁判などの結果、環境対策が積み重ねられ、当時に比べると空気はいくぶんきれいになりました。

しかし、問題は解決したわけではありません。公害患者は、今も症状に苦しみ、亡くなっている方もいます。政府は、大気汚染物質の環境基準を定めていますが、基準を達成できていない地域が今もあります。また、環

境基準は行政上の目安でしかなく、達成すれば健康影響がなくなるという性質のものではないため、基準以下でも、ぜんそく患者など呼吸器系の敏感な人々は発作を起こしやすくなり、長期間の累積的な影響で健康被害につながるといわれています。

1990年以降、日本の大気汚染の死亡者数は増加傾向にあります。2013年度の日本の大気汚染由来の死亡者数は6万4428人、関連する労働所得の損失は44億1400万ドル、厚生上の損失は2403億5300万ドルと見積もられ[11]、経済・社会にとっても大きな損失となっています。

2. 石炭火力発電から出る大気汚染物質と対策

石炭火力発電所は、大量の窒素酸化物（NOx）、硫黄酸化物（SOx）、ばいじん、水銀などを排出しており、大気汚染の最大の原因です（表4-1）。これらの大気汚染物質は、自然環境や私たちの健康にさまざまな悪影響を及ぼします。政府は、事業者に対して除去装置の設置を義務づけ、煙突から出る排出濃度を規制しています。現在では、高性能のフィルターを備えた脱硫装置や脱硝装置などにより、事業者によれば、95%以上の

表4-1　石炭火力発電所から出る主な大気汚染物質と影響、環境基準

汚染物質名	影響	環境基準
硫黄酸化物(SOx)（石炭火力からは主にSO2)	ぜんそくなど公害病の原因。森林などに影響を与える酸性雨の原因でもある。	1時間値の1日平均値が0.04ppm以下であり、かつ1時間値が0.1ppm以下。
窒素酸化物(NOx)	呼吸器に影響を及ぼすほか、酸性雨及び光化学オキシダントの原因物質となる。	1時間値の1日平均値が0.04ppmから0.06ppmまでのゾーン内又はそれ以下。
浮遊粒子状物質(SPM)	大気中に長時間滞留し、肺や気管などに沈着して呼吸器に影響を及ぼす。	1時間値の1日平均値が0.10mg/㎥以下であり、かつ、1時間値が0.20mg/㎥以下であること。
微小粒子状物質(PM2.5)	呼吸器疾患、循環器疾患及び肺がんの疾患に関して人々の健康に影響を与える。	1年平均値 15μg/㎥以下であり、かつ1日平均値 35μg/㎥以下であること。
水銀	中枢神経系及び末梢神経系に対し有毒。少量を長期間取り込んだ場合の健康影響は十分明らかになっていない。	―

出典：環境省ウェブサイト等をもとに作成

二酸化硫黄（SO₂）やNOxを除去できていると説明されています。

　しかし、大気汚染物質を100%取り除くことはできません。天然ガス火力と比べると、石炭火力の排出濃度は圧倒的に大きく（表4-2）、石炭火力発電所の間でも排出濃度にはばらつきがあります。新しくつくられる発電所でも、排出濃度が高いものもあります。有害な水銀も排出されますが、データは公表されていません。

表4-2　発電所ごとの汚染排出データ

発電所名	燃料種	規模	運転開始	SOx排出濃度	NOx排出濃度	ばいじん	水銀
仙台パワーステーション	石炭	11.2万kW	2017年	100ppm	100ppm	50mg/m³	不明（記載なし）
神戸製鋼新1号	石炭	65万kW	2021年度（予定）	16ppm	20ppm	8mg/m³	不明（記載なし）
磯子発電所新1号	石炭	60万kW	2002年	10ppm	13ppm	5mg/m³	不明（記載なし）
姫路第二火力1号	天然ガス	48.1万kW	2013年	-	4ppm	-	不明

出典：仙台パワーステーション：情報開示請求した工事計画届出書、神戸製鋼は環境アセスメント図書、磯子は電源開発資料、姫路第二火力は環境アセスメント図書。

3. 日本の石炭火力発電の大気汚染の実態

　石炭火力発電からの大気汚染と健康影響については国際的な研究がいくつかあります。代表的なハーバード大学の研究では、石炭火力発電所からのSO₂およびNOxの排出は、人の健康に有害なPM2.5とオゾンを発生させる原因であり、日本で稼働中の石炭火力発電所は、毎年1117人の早期死亡の原因となり、新規の発電所が稼働すれば、さらに年間455人の早期死亡者が増えると推定されています[12]。その研究を基礎に、最新データを用いて行われたシミュレーション結果が2018年3月に発表されました。その結果には、計画中の石炭火力発電所がすべて稼働すれば、早期死亡者が、年間1600人増加するという結果が示されています。特に人

口密集地に建設される千葉県や兵庫県内の発電所は、多くの早期死亡の原因を作り出します。言いかえれば、石炭の新規建設を止め、再生可能エネルギーに転換すれば、1600人の命を救うことができるのです。グリーンピースと気候ネットワークでは、この大気汚染シミュレーションの結果を元に、PM2.5などの汚染物質の拡散状況を動画で見ることができるマップを公開しています（図4-1）。10キロメートル圏内に学校や病院の数も表示しています。汚染物質は想像以上に広い範囲に拡散します。皆さんの地域への影響もご覧になってみてください。

図4-1 「石炭汚染マップ」の大気汚染シミュレーション

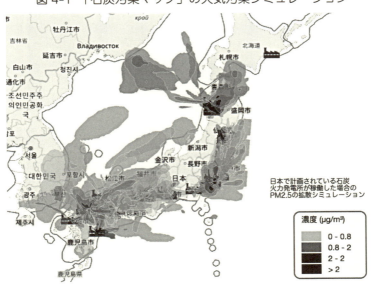

https://act.greenpeace.org/page/21550/petition/1

　医療の専門家たちも、大気汚染による健康被害と気候変動の問題を懸念しています。世界医師会（WMA）は、各政府に対して再生可能エネルギーへの転換を進める規制の導入や、投資先の転換を勧告しています。また、

世界的に著名な医学誌ランセットは、2015年に石炭火力発電所をなくしていくべきだと提言しています。そういった提言には「石炭火力はクリーン」などとは、どこにも書いていないのです。

4. 不透明な石炭火力発電所からの大気汚染データ

　石炭火力発電所からの大気汚染物質の排出濃度データは、計画段階で環境アセスメントの手続きにおいて事業者から報告されます。しかし、稼働を始めた後、いつ、どこから、どれくらいの大気汚染物質を排出しているのかわからないのです。米国では、国内の発電所がそれぞれにいつ運転され、どれくらい大気汚染物質を排出しているのかについて、ほぼリアルタイム、または月毎、年毎などで、自由に閲覧できるウェブサイトがあります[13]。それと比べ、日本では、個々の発電所の運転状況や大気汚染物質の排出量についての情報が公開されていません。このため、私たちは人体に有害な物質が発電所からどれだけ排出されているかを知ることができないのです。

　環境アセスメント対象外となる小規模事業はもっとひどく、計画段階でも、大気汚染物質のデータが全くわからないままのことがあります。図4-2は、環境アセスメントのない小規模事業について情報開示請求をした結果、公開された資料のひとつです。汚染物質の排出濃度等の数値が真っ黒に塗りつぶされており、これでは何もわかりません。

　さらに、情報開示が行われていたとしても、関連企業による法令違反やデータ改ざんの問題もあります。常磐共同火力の勿来石炭火力発電所は、行政機関への報告書において排出ガスの量の届出値に合うように、長期間にわたって改ざんしていました。また、新規の石炭火力の建設を計画している神戸製鋼は、神戸製鉄所、加古川製鉄所における排出データについて、排出基準を超過した場合、行政機関へ計測値を報告するテレメータ装置に、基準値以下におさまるよう改ざんする不正なプログラムを導入するだけでなく、記録用紙への記録を担当者が故意に欠測とする行為など、極めて悪

質な不正が数十年にわたって組織的に続けられていました。同社については、2017年にも大規模な製品検査データ改ざんが発覚し、社会的信頼を失いました。

　常に誰もがアクセス可能で、信頼できるデータを得られなければ、"クリーン"だといわれても、どうやってそれを信用すればよいのでしょう？

図4-2　黒塗りにされた汚染排出データ情報

Q4：大気汚染による健康被害は？　　29

5. 健康を守るために、脱石炭を

　以上のように、石炭火力の大気汚染による健康影響は大きな問題ですが、データが不足しているため、本当のリスクはよく把握できていません。公害患者の人たちは、これから建設される石炭火力発電は、大気環境を現状より悪化させないとする「大気環境の非悪化の原則」にも反すると批判しています。石炭火力の新設計画を止めることは、大気汚染によって健康被害で苦しむ人を減らすためにも重要なことなのです。

---

10 世界保健機関（WHO）「世界の疾病負担研究（Global Burden of Disease）」

　　http://www.who.int/topics/global_burden_of_disease/en/

11 「大気汚染のコスト：行動のための経済的事例の強化（原題：The Cost of Air Pollution: Strengthening the economic case for action）」

　　http://sekitan.jp/info/wordbank-report_2016/

12 S. N. Koplitz, et al. (2017) Burden of Diseases from Rising Coal-Fired Power Plant Emissions in Southeast Asia, Environmental Science and Technology, 51(3)

13 アメリカ環境保護庁（USEPA）、Air Markets Program Data,

　　https://ampd.epa.gov/ampd/

Q5 石炭火力は安くて経済的？

A：これからは再エネが確実に安くなり、石炭火力は経済的でなく事業リスクが高まります。

1. 石炭の燃料価格は本当に安くて安定しているの？

石炭は、石油や天然ガスよりも安く、経済性に優れていて、輸入元のオーストラリアやインドネシアは、石油の輸入元であるアラブ諸国と比べて、運搬上の地政学的リスクも少なく安定しているといわれます。資源エネルギー庁は、カロリーベースの単価では石炭は相当程度安価で、価格の推移が原油やLNGよりも安定的だと説明しています[14]。

しかし、石炭価格は決して安定しているわけではありません。石炭の価格は、2000年以降、原油価格の上昇の影響を受けて上昇していきました（図5-1）。また、石炭が特別に安いわけではなく、2011年頃におきた米国のシェール革命以降、天然ガスの価格は下落し、石炭価格と同等か安価になりました。

図 5-1　石炭価格の推移（オーストラリア）

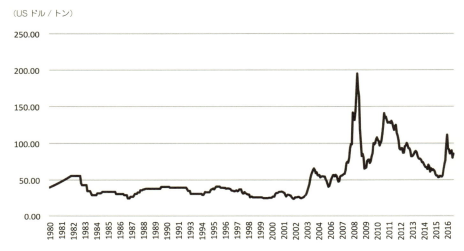

出典：ニューキャッスル港 / ポートケンブラ港からの輸出（FOB）価格　IMF Primary Commodity Prices,
http://www.imf.org/external/np/res/commod/index.aspx

2.「安い」の根拠となっている政府試算の問題

　日本で石炭火力が安いといわれるとき、政府がおこなった電源別の発電コスト試算がよく根拠にされます。それによると、1kWh の電気を作るコストは、原子力 10.3 円以上、石炭 12.9 円、LNG13.4 円、風力（陸上）13.6 円〜 21.5 円、地熱 16.8 円、太陽光（メガ）12.7 〜 15.6 円、であり、たしかに原子力や石炭による発電コストは、風力や太陽光よりも安くなっています。

　しかしこの試算は、原子力や石炭火力が安くなるような条件を選んでいることに注意が必要です。まず、石炭の燃料価格は安いままで LNG のコストが上がるという数年前の国際エネルギー機関（IEA）の想定を使っています。また、石炭火力の設備利用率は 70％で 40 年間稼働することを前提にしていますが、需要が減少すれば利用率は下がり、発電コストは

高くなります。さらに、今後高くなると考えられる CO_2 対策費用も、低くしか見積もられていません。大気汚染や気候変動の影響などの環境コストや、次世代火力として開発中の IGCC や CCS などの技術を利用したときのコストも含まれていません。原子力資料情報室が、同じ方法で 2016 年時点の燃料価格を用いて再試算したところ、すでに LNG 火力発電の方が原子力や石炭よりも安価になっていました。「石炭火力は安い」は、一定の条件下での話なのです。

表 5-1　電源別発電コスト（2030 年モデルプラント試算結果）

電源	原子力	石炭火力	LNG火力	陸上風力	太陽光（メガ）	地熱
設備利用率	70%	70%	70%	20-23%	14%	83%
稼働年数	40年	40年	40年	20年	30年	40年
発電コスト 円/kWh	10.3〜	12.9	13.4	13.6〜21.5	12.7〜15.6	16.8

出典：資源エネルギー庁発電コスト検証ワーキンググループ（2015 年 5 月）より抜粋

3. 石炭より再エネコストの方が安い時代へ

　日本では、石炭火力よりも再生可能エネルギーの方がまだ高いと考えられていますが、世界では、太陽光発電や風力発電のコストが急激に下がり、いずれも 1kWh あたり 10 円を下回るまでになっています（図 5-1）。安いところでは、3 〜 5 円という驚くべき低コストを記録しています。このことが、世界で再生可能エネルギーの爆発的導入につながり、さらなる再エネコストの低下を誘引しています。

図 5-2 発電コストの推移

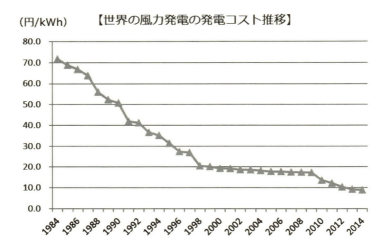

出典：資源エネルギー庁資料。元データは Bloomberg new energy finance より
為替レート：日本銀行基準外国為替相場及び裁定外国為替相場
（2017 年 5 月中において適用：1 ドル =113 円、1 ユーロ =121 円）

日本でも太陽光や風力発電のコストは下がってきていますが、諸外国ほどではありません。その要因は、再生可能エネルギーを大量に導入するための政策が不十分であることや、設置やメンテナンスなどにまだ非効率な面があることなどが挙げられています。適切な政策に基づいて導入を進めれば、日本でもコストは確実に下がっていくでしょう。なんといっても、太陽光や風力の燃料費はタダです。年間約2兆円を投じている石炭の輸入費用を削減することができます。

3. カーボン・プライシングの導入で石炭火力はさらにコスト高に

カーボン・プライシング（＝炭素への価格付け）とは、CO_2を排出する行為に応分の負担を求め、削減を進めていく経済的な手法です。その代表的な手段の一つである排出量取引制度は、対象となる企業・事業所の排出量にキャップ（上限）をかけ、その達成手段として相互に排出枠を売買できるしくみで、欧州全域や東京都で導入され、中国、韓国などアジアにも広がっています。また炭素税は、化石燃料に炭素の含有量に応じて税金をかけて、化石燃料やそれを利用した製品の製造・使用の価格を引き上げることで需要を抑制しCO_2の排出を削減するしくみです。

日本でも2012年から石油石炭税に税率を上乗せする形で地球温暖化対策税が導入されていますが、税率はCO_2排出1トンあたり289円と非常に低く、価格効果は限定的です。これに対し、すでに炭素税を導入している国では、フィンランドでCO_2排出1トンあたり54ユーロ（約6,528円）、スウェーデン1120クローネ（約14,313円）、デンマーク1,171.4クローネ（約18,212円）、フランス22ユーロ（約2,660円）、カナダ30カナダドル（約2,612円）など、1トン当たり数千円から1万円以上の税率をかけています。また、フランスは、2017年には30.5ユーロ（約3,687円）、2018年に39ユーロ（約4,714円）、2020年に56ユーロ（約6,770円）、2030年には100ユーロ（約12,089円）に引き上げる方針を示しています。これらと比べると、日本の税率の低さは際立っています。

Q5：石炭火力は安くて経済的？

大幅な CO_2 削減を進める上で、さらなるカーボン・プライシングは必要不可欠です。日本でも議論が活発になっています。これから炭素にさらなる価格付けがされれば、石炭火力の発電コストはより高くなり、経済性は悪化することになります。

4.　石炭火力の「座礁資産リスク」

　今後、パリ協定の下で温暖化対策が進めば、省エネが進んで電力需要が減り、石炭火力でつくられた電気が選ばれなくなるといった変化が起こることが考えられます。また、現在、電力システム改革が進められていますので、発送電が分離され、送電網の運用において再生可能エネルギーが優先されるようになると、火力発電はこれまでのようにフルに稼働できないだけでなく、状況によっては停止しなければならないかもしれません。ドイツでは、再生可能エネルギーの普及により、火力発電の電気の価格はマイナスとなり、持参金付きで引き取ってもらうほどになっています。日本でも、太陽光の発電量が大きい 5 月などの時期には、九州電力や四国電力、中国電力管内の石炭火力発電を全部または一部停止するよう、厳しい条件が出されています。石炭火力はこれまで、80％など高い設備利用率で利用されてきましたが、今後は利用率が大幅に下がり、採算性が低下し、事業に投資した分が回収できなくなる恐れもあります。このように、将来、投資が回収できなくなるリスクは、「座礁資産リスク」と呼ばれます。オックスフォード大学は、日本の石炭火力発電所の座礁資産となる価値総額は 7 ～ 9 兆円近くになり、うち 7 ～ 8 割は、2016 年以降に建設される新規の石炭火力発電所であるという研究を発表しており[15]、石炭火力の建設にはリスクが大きいことを浮き彫りにしています。

　以上からわかるとおり、石炭火力が安いというのは一定の条件下のことであり、遅かれ早かれ日本でも再生可能エネルギーに追い抜かれることは間違いありません。パリ協定の下で地球温暖化対策が進められる中では、石炭火力は、将来性が見込めない危うい事業だといえるでしょう。今でも、

「安い」「安定している」と国をあげて石炭火力を推進している日本は、石炭火力を巡る経済情勢の変化が見えていないようです。

---

14 エネルギー白書2015
　http://www.enecho.meti.go.jp/about/whitepaper/2015html/1-3-1.html
15 オックスフォード大学スミススクール（2016）「日本における座礁資産と石炭火力」
　http://www.smithschool.ox.ac.uk/research/sustainable-finance/publications/satc-japan-japanese.pdf

Q6 原発か石炭か？それとも再生可能エネルギー？

A：選択肢は石炭か原発ではなく、再生可能エネルギー100％です。

1. 原発と石炭をセットで推進してきた日本のエネルギー政策

日本はこれまで、原子力発電を積極的に推進してきました。運転中に CO_2 を排出しないとして、地球温暖化対策としても推進してきました。例えば、1998年の地球温暖化対策推進大綱では、2010年までに20基の原発の増設を掲げ、2010年エネルギー基本計画では、原発を2030年までに14基以上増設し、発電割合を53％まで引き上げる方針でした。いずれも達成できるはずもない高すぎる目標でしたが、原発の利用拡大は地球温暖化対策の重点であったのです。

しかし、2011年3月11日の東京電力福島第一原子力発電所の事故は、原発推進を前提にしたエネルギー政策を大きく震撼させました。当時の民主党政権は2012年9月に、原発依存度を減らすことを基本方針とした

「革新的エネルギー・環境戦略」を決定しました。しかし、それもつかの間のことで、復活した自民党政権は、2014年4月にエネルギー基本計画を改定し、再び原子力発電を重要なベースロード電源と位置付け、翌年、2030年のエネルギーミックス（電源構成）において原発の比率を20〜22％程度とすることを決めました（図6-1）。

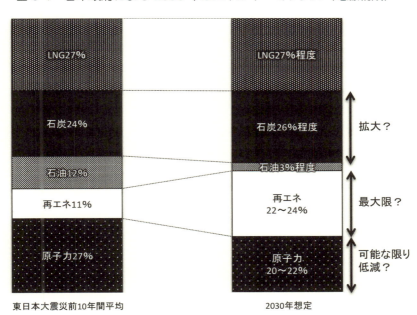

図6-1　日本政府による2030年のエネルギーミックス（電源構成）

出典：「長期エネルギー需給見通し（2015）」より作成

震災前10年間平均と比較すると、2030年の原発の比率はいくぶんか減っています。しかし、福島第一原発事故後に残った原発と建設中の原発すべてを40年間稼働させたとしても2030年の比率は15％程度にしかなりません。20〜22％に引き上げるためには、さらに運転期間の延長や新

Q6：原発か石炭か？ それとも再生可能エネルギー？

増設が必要になります。つまり、政府は、できそうもない高い水準で原発利用を復活させようとしているのです。

　石炭火力発電についても、2030年に26％もの発電割合を見込んでいます。政府はこれまでも、石炭火力の割合も1990年の9.7％から2015年の30.6％まで増やしてきました。政府は今後も、その延長線上で、原発を推進しながら、同じように大規模集中型の発電方式である石炭火力も推進しようとしています。

　なお、2017年6月に発表された電気事業者による電力供給計画によれば[16]、政府の見通しとは異なり、2026年度になっても原発の発電電力量の割合は0.7％にとどまっています。一方、石炭火力の設備は、2026年度までに現在の約2割増の5168万kWへと大幅に増加し、発電電力量は33.3％にまで増える見通しです。事業者は、原発の見通しが立てにくいために、石炭火力の設備増強に力を注いでおり、政府の見通しをしのぐ勢いで石炭火力の利用を考えていることがわかります。このまま事業者が石炭火力への依存を高めていくと、日本の2030年の温室効果ガス削減目標（2013年比-26％）の達成は危うくなります。

2. 原発と石炭火力の切り離せない関係

　地球温暖化を防ぐために石炭火力を止めようとするなら、原発再稼働を受け入れなければならないのでしょうか？　答えはノーです。

　たしかに、政府や事業者は、運転中にCO_2を排出しないことを理由に、原子力発電は地球温暖化対策のために必要だと主張してきました。しかし、発電所の建設、運転、廃棄から燃料の生産、運送などの過程ではCO_2が排出されます。また、原子力発電の運用には、地震や災害などによって緊急停止した時に停電を防ぐためにバックアップ電源を必要とします。通常、原子力発電は起動してから最大出力に達するまでに1週間、停止する時にも同じく1週間かかります。そのときに電力の過不足が生じないよう、原発の出力にあわせて火力発電の出力を調整しています。つまり、原子力発

電を推進する限り、石炭火力からも脱却できないのです。

　また、原発を推進しても、地球温暖化対策には必ずしもつながらないことにも注意が必要です。原子力発電を強力に推進しながらも、日本のCO_2排出量がこれまで増え続けてきたことがその証左でしょう。逆に、震災後の2014年には、原発が全停止したにもかかわらず、省エネや再エネの導入が進み、日本の温室効果ガス排出量は減少しています。原発に頼らないほうが確実にCO_2削減は進んでいます。

　つまり、原発と石炭火力は、お互いが持ちつ持たれつの関係にあって、「原発か石炭か」ではなく、「原発も石炭も」というのが本質なのです。ですから、地球温暖化対策のためには、原発と石炭火力の抱き合わせのしくみから脱却することこそ必要なのです。

3. 再生可能エネルギー100％は実現できる

　それでは、原発を止めるために、石炭火力は必要でしょうか。その答えもやはりノーです。省エネと再生可能エネルギーが十分にそれを代替できるからです。

　政府の計画では、2030年の再生可能エネルギーの発電割合を22〜24％程度に増やす方針です。しかし、現在すでに15％程度（うち大型水力が7.6％程度）ですから、この目標は、年間1％程度の伸び率で達成できます。一方、世界全体では、最終エネルギー消費に占める再生可能エネルギーの割合は既に19.2％となり、原子力発電（2.5％）を大きく上回っています[17]。発電量に占める割合は2015年には約24％になりました。先進国では、電力比率でドイツが33％（2017年）、スペインが38.5％（2017年）、デンマークが56％（2015年）に達しており、パラグアイやコスタリカなどでは自給率がすでに100％を超えています[18]。日本は、諸外国と比べると、実績においても目標においても、とても低い水準にあります。

　しかし、日本でも再生可能エネルギー100％を実現することは可能で

Q6：原発か石炭か？ それとも再生可能エネルギー？　　41

す。少し前までは、100％なんて夢物語のように思われていましたが、こ
こ 10 年ほどで環境は大きく変わり、今では、再エネ 100％は可能だと
する研究が欧米を中心に複数発表されています。そして実際に、再エネ
100％に向けたイニシアティブが広がっています。ドイツでは、これまで
に 150 以上の地域が再エネ 100％地域づくりを宣言しています。この他
ハワイ州（目標 2045 年）やバンクーバー（同 2035 年）、シドニー（同
2030 年）なども再エネ 100％を掲げています。また、2016 年には、「気
候脆弱性フォーラム」と呼ばれる 48 の途上国の連合が、再エネ 100％目
標を目指すことを宣言しました。

　大企業を中心に事業活動を再エネ 100％にする宣言をするイニシアティ
ブ「RE100」もあり [19]、これまでに世界の名だたる企業 130 社以上が
加盟しています（2018 年 4 月現在）。2017 年の年次報告によれば、マ
イクロソフトやスターバックス、スイスポストなどを含む 18 社が再エネ
100％目標をすでに達成し、アップルやグーグルも達成となっているよう
です。また事業者や NGO、自治体連合等のマルチステークホルダーで構
成される「自然エネルギー 100％プラットフォーム」も、各主体の再エ
ネ 100％の後押しをしています [20]。

　日本はこうした世界の動きに大きく遅れ、今でも「再生可能エネルギ
ーはコストが高く不安定で、原発や石炭火力の代替にはならない」という
議論が根強く残っているのですが、再エネ 100％を目指すところも少し
ずつ出てきています。自治体では、福島県が 2040 年に再エネ 100％を、
長野県では 2017 年度には再エネ発電設備容量で 100％を達成する目標
を立て、南相馬市が 2030 年頃にほぼ 100％を、宝塚市が 2050 年に電
力比率 100％を掲げています。また、企業の RE100 のイニシアティブに
は、これまでにリコー、積水ハウス、アスクル、大和ハウス、イオン、ワ
タミが参加を表明しています。大学では、千葉商科大学が自然エネルギー
100％を宣言しています。

　また、再生可能エネルギーは、地域に大きな経済効果をもたらします。

世界では、2015 年までに再生可能エネルギー関連の仕事で 810 万人以上の雇用が生み出されています。日本でも既に 38.8 万人の雇用が太陽光発電産業を中心に創出されており、2030 年までに再生可能エネルギーを倍増させれば、従来と比べて GDP は 2.3％成長し、110 万人の雇用の創出につながり、さらに再エネ電力比率を高めれば、GDP は 3.6％成長し、130 万人の雇用を創出すると予測されています [21]。日本では、再生可能エネルギーの電力を固定価格で買い取って普及を図る法制度（固定価格買取制度、FIT）が 2012 年 7 月に施行され、再生可能エネルギーを活用した地域活性化や新たな発展の可能性を生み出しました。これから再エネを大量導入することにより、地域で必要なエネルギーを地域の資源でまかなう経済循環が生まれるでしょう。

　エネルギーの選択において、原発か石炭かいずれかを選ぶ議論はもはや的外れで、時代遅れです。私たちは、再生可能エネルギーを勢いよく進め、地域経済や環境に好ましい持続可能なエネルギーに転換していくときです。

16　電力広域的運営推進機関（2017）「平成 29 年度供給計画の取りまとめ」
17　REN21(2018) ,Renewables 2017 Global Status Report.
18　ドイツ：BDEW(2017), 2017 年 12 月 20 日付プレスリリース .
　　デンマーク：DEA(2016), Energy Statistics 2015.
　　スペイン：IDAE(2017), Renewable energies in Spain,
　　　　http://www.idae.es/eu/node/12480.
　　コスタリカ：ICE(2017), 2017 年 11 月 18 日付プレスリリース .
　　パラグアイ：IRENA (2015), Renewable Energy Policy Brief: Paraguay.
19　http://there100.org/
20　http://www.go100re.net/　日本のサイトは https://go100re.jp/
21　IRENA（2016）,RENEWABLE ENERGY BENEFITS:MEASURING THE ECONOMICS.

Q7 どうして石炭火力の増加が止まらないの？

A：政府の政策が全く不十分で、事業者の計画を止められないのです。

1. 石炭火力対策は業界の自主性にお任せ？

Q6 で紹介したように、日本では、政府が石炭火力を重要なベースロード電源と位置づけています。また、東京電力福島第一原発事故の後、石炭火力発電所の建て替えの際に環境アセスメントの手続きを早く完了できるようにしたり、安い石炭火力が建設されやすくなる入札制度を導入したりと、建設を後押しする政策を導入してきまし

た。逆に、石炭火力発電所の建設を抑制したり、石炭火力から排出されるCO_2の削減を義務づける制度はありません。これでは、事業者による石炭火力発電所の建設ラッシュを止められるわけがありません。

そもそも、京都議定書が採択されてから20年間、日本では、温室効果ガスを排出することに対して全く規制をかけてきませんでした。そして産業界に対しては、自主的な取り組みを奨励してきました。石炭火力発電所に対してもこの方針は同じです。石炭火力をつくるのか止めるのかは、産

業界の自主性にお任せというわけです。

　それに応え、電力業界は 2015 年に、自主的な枠組みとして、国全体の排出係数を「0.37kg-CO_2/kWh 程度」とすることを目指し、電気事業低炭素社会協議会で、PDCA サイクルを推進する方針を発表しました。0.37kg-CO_2/kWh という数字は、政府の 2030 年の電源構成が達成されたときの排出係数です。2016 年度の実績は 0.516kg-CO_2/kWh です。電力自由化された競争の下で、しかも自主的に、どのように事業者間で責任分担してこの目標を達成するのでしょう？　電力業界は、2010 年の自主的な目標も達成できませんでした。今回も、同じように達成できずに終わる可能性は否定できません。さらにこの目標は、小売事業者（電気を販売する事業者）によるもので、発電事業者（発電所を建設し発電する事業者）によるものではないため、建設を抑制することはできません。責任があいまいな目標と実施体制の効力は大いに疑問です。実際に、環境省がとりまとめた「電気事業分野における地球温暖化対策の進捗状況の評価の結果について（2018 年 3 月 23 日）」においては、協議会会員が相互に競争関係にあることから、各社の取り組みについてどのように深掘りなどを促すのかなど、「業界内の PDCA サイクルの実効性には疑問があるものと言わざるを得ない」と指摘しています。

2. 省エネ法・エネ供給構造高度化法の問題点

　政府は、過剰な石炭火力発電所の建設計画を受け、2015 年に、省エネ法[22] の下で、火力発電の発電効率基準を定めました。新規建設の場合の基準は 42％とされましたが、計画されている大規模石炭火力発電所はすべて超々臨界圧（USC）以上で基準を満たしているので、実質的な抑止策にはなっていません。小規模石炭火力発電所の多くでは、42％に満たない古い技術を用いていますが、法律の適用は、建設計画が発表された後の 2016 年 4 月以降であるため、対象外となり、やはり抑止できません。さらに、バイオマス燃料や副生物を混焼することによって発電効率が高く

なる指標が設けられたため、実際は発電効率が悪くても、見かけ上の効率が高まり、基準を満たすことができてしまいます。

　既存の火力発電については、発電事業者が 2030 年に達成すべき 2 つの発電効率の指標を定めました。1 つは、燃料種ごとの基準（A指標：石炭 41％、天然ガス 48％、石油 39％）の達成をそれぞれに求めるもの、もう 1 つは、2030 年の電源構成（石炭 26％、LNG27％、石油 3％）に沿って設定された火力全体の基準（B指標：44.3％）です。2017 年に初めて発表された実績では、54 事業者のうち、18 事業者がA指標・B指標ともに達成したものの、A指標のみの達成が 6 事業者、B指標のみの達成が 9 事業者、両指標とも未達成は 21 事業者でした。B指標は、石炭火力の割合が多い事業者は達成が困難になりますが、事業者間で共同実施が可能なため、責任分担があいまいになる抜け道となりそうです。（次頁の図 7-1）

　政府はまた、2030 年の電源構成と整合させるため、エネルギー供給構造高度化法[23] の下で、非化石電源比率を 44％とすることを定めました。これは、2030 年の電源構成の原発 20 ～ 22％と再生可能エネルギー 22 ～ 24％をあわせた数字で、再生可能エネルギーだけでなく原子力発電も含まれているため、この目標の達成のために、原発が強力に推進される可能性もあります。また、これらの目標も小売電気事業者の目標とされており、発電事業者に求める措置ではありませんから、石炭火力を建設し発電することを直接抑止するものではありません。

3. 環境アセスメントとその問題点

　環境アセスメントとは、大規模な事業計画を進める際に、環境に及ぼす影響について、あらかじめ事業者が調査や評価を行い、その結果を公表して市民や地方公共団体などから意見を聴き、環境の保全の観点からよりよい事業計画にするためのしくみです。日本では環境影響評価法によって義務付けられています。しかし、この制度にはさまざまな問題があります。

図7-1　省エネ法の効率を示す計算式

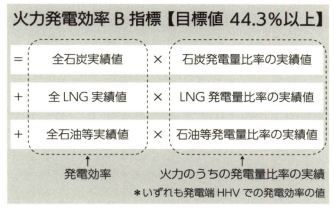

出典：資源エネルギー庁資料より作成

Q7：どうして石炭火力の増加が止まらないの？

まず、火力発電所の環境アセスメントの主務大臣は、環境大臣ではなく経済産業大臣です。したがってその審査は、経済産業省の下の環境審査顧問会によって実施されるのです。また、環境大臣、知事や市長の意見は、事業者に対して直接提出されず、経済産業大臣に提出され、経済産業大臣がそれらを勘案して勧告を出します。新規石炭火力発電の計画については、環境大臣がこれまでに何度か「是認できない」という意見を出してきましたが、経済産業大臣の勧告にはほとんど反映されませんでした[24]。しかも環境大臣は、先に紹介した省エネ法やエネルギー供給構造高度化法での対応を決めた後は、事実上、事業を容認する方向に転じてしまいました（2016年2月合意以降）。しかし、是認できないという理由に挙げていた「石炭火力の CO_2 排出量をどのようにして削減するのか」、「全体の CO_2 排出が目標通りに収まらない場合にどのように対応するのか」といった疑問には今も全く応えられていません。

　また、環境アセスメントの対象外である小規模の石炭火力発電所建設計画も問題です。小規模といっても、10万kW級の石炭火力発電の環境影響は大変大きいものです。計画される小規模石炭火力発電所の設備容量を足し合わせると大規模発電所2〜3基分に相当する約200万kWにものぼりますが、国では環境アセスメントは一切行われず事業が進められています。これを問題視した環境省は、一度は環境アセスメント法の対象規模を広げることを試みましたが、事業者側の強い反対で見送られてしまいました。

　このように現在の環境アセスメント制度は、環境負荷の多い石炭火力発電所の建設すら止めることができず、問題が多くあるのです。

4. カーボン・プライシングや規制措置が必要

　日本の政策は、石炭火力発電所の建設に全く歯止めをかけられず、パリ協定の脱炭素化に真っ向から逆行しています。現状のままでよいはずはありません。政府の見込みを超えるほどの異常な数の石炭火力の計画があ

るのですから、厳しい規制を導入することが必要ではないでしょうか？また、Q5 で紹介したように、諸外国の多くでは、CO_2 の排出に価格をつけるカーボン・プライシングのしくみが導入されていますが、日本では低税率の地球温暖化対策税が導入されているだけです。石炭火力の利用を抑制し、CO_2 排出の総量を削減するためには、日本でも、石炭火力発電所の建設や利用を抑制するような措置やさらなるカーボン・プライシングの導入が不可欠でしょう。

---

22 正式名称は「エネルギーの使用の合理化等に関する法律」で、工場や機械製品などのエネルギーの効率の改善を促す法律。

23 正式名称は「エネルギー供給事業者による非化石エネルギー源の利用及び化石エネルギー原料の有効な利用の促進に関する法律」。電気やガス、石油事業者等のエネルギー供給事業者に対して、太陽光、風力等の再生可能エネルギー源、原子力等の非化石エネルギー源の利用や化石エネルギー原料の有効な利用を促進するために必要な措置を講じる法律。

24 2015 年、環境大臣は、西沖の山（山口）、武豊（愛知）、袖ケ浦（千葉）、市原（千葉）、秋田港（秋田）の５つの石炭火力発電所建設計画に対して「是認しがたい」「是認できない」との意見書を提出していた。

Q7：どうして石炭火力の増加が止まらないの？　　49

Q8 諸外国が「脱石炭」に向かっているってホント？

A：脱石炭のうねりは世界各地に広がり、日本は孤立しています。

1. 世界に広がる石炭火力の計画中止や閉鎖の動き

近年、石炭火力発電の計画中止や閉鎖の動きが世界で広がっています。特に、ここ数年は変化が大きく、脱石炭に向けた取り組みが一気に加速しています。

世界の石炭火力発電所の建設計画の数は、昨年に続き2年連続で急激に減少しています。これは主に、中国とインドにおける計画が大幅に減少して

いることによるものです。過去2年間の変化を見てみると、それぞれ新規に完成した石炭火力発電所の数は41％減、建設工事開始の数は73％減、そして許認可申請中および計画段階の数は59％減となっています。また、既存の発電所の閉鎖も加速しており、過去3年で9700万kWの発電所が閉鎖されました[25]。

50

国内の石炭火力発電所を全廃する方針を定めた国や地方自治体も増えています。2017年末には、イギリス政府とカナダ政府が中心となって、「脱石炭を目指すグローバル連盟（Powering Past Coal Alliance：PPCA）」が発足しました。PPCAに参加する国や企業は2018年4月現在64あります。他にも脱石炭の方針を定めた州や地方都市は多数あり、増えています。

表8-1　脱石炭方針を掲げる主体

（2018年3月時点、カッコ内の数字は目標年）

国	州・地方都市	民間セクター
アンゴラ，イギリス（2025），イタリア（2025），エチオピア，エルサルバドル，オーストリア（2025），オランダ（2030），カナダ（2030），コスタリカ，スイス，スウェーデン（2030），ツバル，デンマーク，ニウエ，ニュージーランド（2020），バヌアツ，フィジー，フィンランド（2030），フランス（2023），ベルギー（2016），ポルトガル（2030），マーシャル諸島，メキシコ，ラトビア，リヒテンシュタイン，ルクセンブルグ	アルバータ（カナダ・2030），オレゴン（アメリカ・2020），オンタリオ（カナダ・2014），カリフォルニア（アメリカ・2014），ケベック（カナダ・2030），バンクーバー（カナダ），ブリティッシュ・コロンビア（カナダ），ワシントン（アメリカ・2025） （以下はPPCAに参加していないが脱石炭方針を掲げている州・地方都市） コネチカット（アメリカ・2021），スコットランド（2016），北京（2017），ベルリン（2030），デリー（2018），ハワイ（2022），マサチュセッチュ（アメリカ・2017），ニューメキシコ（アメリカ・2030），ニューヨーク（アメリカ・2020），オタワ（カナダ・2030）	Abraaj Group, Alterra Power Corp, ArcTern Ventures, Autodesk, Avant Garde Innovations, BT, CCLA, Diage, DSM, Econet Group, EcoSmart, EDF, Engie, Kering, Green Science, Iberdrola, Marks and Spencer, Natura Cosmetics, Pacific Island Development Forum, Ørsted, Salesforce, Storebrand, Unilever, Virgin Group

出典：平田仁子「石炭火力発電を巡る最新動向」『環境と公害』47巻4号

前頁の表 8-1 にあげた国以外でも脱石炭のトレンドが加速しています。中国政府は、深刻な大気汚染対策の一環として複数の石炭火力発電所の建設中止を求める一方で、再生可能エネルギーの導入、環境負荷の小さいエネルギーへの切り替えを進めています。韓国でも文在寅大統領が、稼働中の石炭発電所 59 基のうち、老朽化した 10 基を 2022 年までに廃止し、液化天然ガス（LNG）燃料やクリーンエネルギーに切り替える方針を示しています。アメリカは、トランプ政権がパリ協定からの離脱を表明し、地球温暖化対策に後ろ向きですが、全国的な市民運動により、これまでに 500 基以上あった既存の発電所のうち半数にあたる 250 基を上回る数の石炭火力発電所が閉鎖され、新規計画もほぼ全て中止されました。トランプ政権下でもその勢いは変わらず、止まっていません。

　これらの動きと比べると、日本の石炭火力発電所の新設計画は、数も規模も突出して大きく、先進国では 1 位です。日本に次ぐのは、EU の中でも環境政策に最も消極的だとされる産炭国のポーランドです。

2. 途上国の石炭火力発電事業の支援の抑制の動き

　石炭火力発電所の問題は、各国の国内問題にとどまりません。先進国の多くは、輸出信用や政府開発援助（ODA）などを通じて、途上国に石炭火力発電技術を輸出しています[26]。しかし、これから電力需要が増える途上国であっても、今から石炭火力発電所を建設して稼働させれば、数十年も大量の CO_2 を排出しつづけ、2050 年以降の脱炭素化を難しくしてしまいます。この問題に対し、米輸出入銀行、北欧 5 カ国の政府銀行、欧州復興開発銀行、世界銀行などが、石炭を始めとする高炭素の技術への支援を抑制し、よりクリーンな再生可能エネルギーや省エネへの支援に転換する方針を発表してきました。さらに、2015 年 11 月に開催された経済協力開発機構（OECD）の輸出信用部会では、石炭火力発電技術に対する公的支援に対し、制限をかけることが合意されました。この合意は、途上国への支援を行う際、一部の例外を除いて、最高効率の発電技術を採用し

52

なくてはならないと決めたものです。実は、これまで、途上国に輸出される技術の多くは、最高効率の技術が採用されず、環境への悪影響が大きい技術であることの方が多かったのです。公的資金の流れが変われば、いち早く途上国の持続可能な発展を促進することができます。

3. ダイベストメントの動き

　近年、機関投資家においても、環境や社会に配慮した投資を行う責任があること（責任投資原則：Principles for Responsible Investment やESG投資）が広く共有され、化石燃料資産を保有し続けることがビジネスにとって大きなリスクになるとの認識が広がっています。そして、世界の主要な金融機関・機関投資家の間で、化石燃料資産・石炭関連事業から投資を撤収する動きが急速に広がってきました。このような特定の事業から金融資産（株、債券、投資信託など）を引き揚げる動きは、投資（インベストメント）の反対の意味で、ダイベストメントと呼ばれ、今では世界に広がっています。これまでに化石燃料資産・石炭関連事業からのダイベストを決定した組織は、ノルウェー年金基金のような公的基金を始め、大学や都市、国家、宗教団体、財団、保険会社、金融機関など世界全体で800以上にのぼり、運用総額は600兆円を超えるまでになっています。海外のダイベストメントにより、日本の電力会社や商社が投資対象から除外されるなど、影響が及び始めています。残念ながら日本の金融機関・機関投資家によるダイベストメントの取り組みはありませんでした。しかし、2018年5月に第一生命が海外石炭火力発電事業へのプロジェクトファイナンスに新規融資しない方針を決めたり、三井住友フィナンシャルグループ社長が石炭火力事業の与信方針の厳格化を検討中と述べるなど、変化は始まりつつあります。最近では、日本の国際協力銀行（JBIC）と複数の日本の民間銀行が融資を検討していたインドネシア中ジャワ州にある石炭火力発電所の計画に対し、共同融資を検討していたフランス大手銀行ソシエテ・ジェネラルが撤退を決定し、この計画の続行を支持している日本の

Q8：諸外国が「脱石炭」に向かっているってホント？　　53

姿勢が問われる事態となりました。2017年末には、ドイツの環境NGO
が石炭事業に関与する企業のデータベース「Global Coal Exit List（脱石
炭リスト）」[27] を公開するなど、ダイベストメントを行うための情報提供
も進みつつあります。金融安定化理事会傘下のタスクフォースも、気候関
連リスクを財務関連情報に含めて公開するよう勧告しています。こうした
情報に基づいて、化石燃料、特に石炭関連事業からのダイベストメントは
今後さらに増えることでしょう。

---

25 コール・スワーム他（2018）「活況と不況2018：世界の石炭火力発電所の計画の追跡」
26 SWEPT UNDER THE RUG : How G7 Nations Conceal Public Financing for Coal
　　Around the World（May 2016）
　　https://www.nrdc.org/sites/default/files/swept-under-rug-coal-financing-report.pdf
27 https://coalexit.org/

Q9 日本の石炭火力の輸出は途上国に役立っているの？

A：地球温暖化を加速するだけでなく、環境破壊や人権侵害を引き起こし、問題だらけです。

1. 国内だけじゃない！海外の石炭火力発電所建設を支援する日本

日本は、国内だけでなく、途上国における石炭火力発電所新設計画にも関わっています。政府は、高効率の石炭火力発電の輸出を日本経済の成長戦略のひとつに位置づけています。そして、「途上国の経済開発を支援しながら地球温暖化対策に貢献できる」と説明しています。

Q8で紹介したように、他の先進国では、石炭火力発電の輸出を控える動きがでてきています。しかし、日本の国際協力銀行（JBIC）、日本貿易保険（NEXI）、国際協力機構（JICA）は、政府の方針通り、石炭火力発電事業（火力発電所、炭鉱掘削や石炭輸送のためのインフラ整備〈鉄道、港湾〉など）を積極的に進めており、多額の資金が拠出されています。日本の石炭関連事業への公的資金の投入額は、2007年から2015年に220億米ドル以上にのぼり、G7の中でも

突出しています[28]。

図 9-1　G7 諸国の石炭関連事業への公的資金支援額
（2007 〜 2015 年）

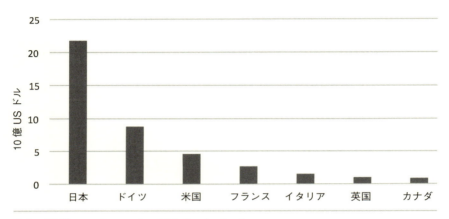

出典：Oil Change International [Under the Rug]

2．日本の「石炭輸出」に対する批判

　日本が途上国への石炭火力発電の支援を続けていることに対しては、かねてより厳しい批判が繰り返されてきました。気候変動枠組条約締約国会議（COP）では、途上国向け石炭事業支援を理由に、繰り返し『本日の化石賞』を贈られてきました。『本日の化石賞』とは、気候変動交渉・対策において、「最悪のことに最善を尽くした」国を批判し、方針転換を促すために贈られる不名誉な賞です。また、気候変動の影響に脆弱な島国ツバルのソポアンガ首相は、「石炭は地下に埋めたままにしておくべきだ。日本はいつまでもツバルの友人であってほしい」と述べています[29]。2017 年末の COP23 の会期中にも、JBIC の石炭融資に対して抗議活動が行われました。世界の環境 NGO やシンクタンクなどが発表する報告書

からも日本の孤立感が年々増していることがわかります。しかし、高まる批判にもかかわらず、日本はなお方針を変えていません。

3. 「日本の石炭技術はクリーン」でない事実

日本政府や電力会社は、「日本の石炭火力発電技術はクリーンだから、他の国より日本が輸出した方が地球環境に良い」と説明しています。しかし、この説明は言い訳にすぎません。まず、たとえ最新型でも石炭火力発電所の CO_2 排出量は膨大です。また、日本が支援してきた石炭火力発電所には、実際には最新型ですらないものも多いのです。例えば、JBIC の支援で 2010 年以降に計画・建設された石炭火力発電所のうち、高効率とされる超々臨界圧（USC）を採用したのはわずか 7%、一世代前の超臨界圧（SC）が 62%、二世代前の亜臨界圧（Sub-C）が 42% でした。世界全体で同時期に計画・建設されたものをみると、USC が 29%、SC が 36%、Sub-C が 29% であり、JBIC 案件の数字は世界平均よりもはるかに悪いのです [30]。最近では、2017 年 11 月に丸紅などがベトナムの石炭火力発電所事業の契約を締結しましたが、これも OECD 合意から逸脱する低水準の超臨界圧（SC）技術を採用する計画です。

さらに、JBIC が 2003 ～ 2015 年に支援した途上国の石炭火力発電所の約半数で、汚染物質を減らすための装置が設置されていないことも明らかになっています。また、粒子状物質の除去も 5 分の 4 の発電所で設備の性能が不十分でした。

石炭火力発電所は、仮に最新の対策を用いても汚染物質をゼロにすることはできませんが、汚染除去技術を持ちながら、それを採用せずに「クリーンだ！」と宣伝するとは、さすがにひどい話です。

4. 深刻な人権侵害を黙認する日本

日本の官民が支援している途上国への石炭火力発電事業は、現地住民の生計手段の喪失や周辺環境の破壊、健康被害、人権侵害などのさまざ

な深刻な環境社会問題も引き起こしています。

　途上国では、石炭火力発電所の建設予定地の土地を確保するため、住民が強制的に立ち退きを迫られたり、建設に反対する住民が警察や軍に抑圧されたり、長期間にわたって不当に勾留されたりする例もあります。例えば、日本が支援するインドネシアのバタン石炭火力発電所の計画をめぐっては、インドネシア国家人権委員会も地元住民に対する人権侵害を問題視し、2013年に「売却強要につながる警官、国軍兵士の交渉からの撤退」を勧告しました。地元住民が来日して直接の訴えも行いましたが、JBICや事業者の伊藤忠商事と電源開発からは適切な対応が結局取られませんでした。また、建設後に農業や漁業を営む住民の生計手段が失われたり、石炭火力発電所からの汚染排出で周辺環境が破壊され、十分な補償が行われていない場合もあります。

　このような人権侵害や環境破壊の問題は日本の国会でもたびたび問題にされていますが、方針を改める様子がないのは、とても悲しいことです。

5. 途上国でも再生可能エネルギー100%を

　日本政府は、浴びせられる批判に対し、途上国における電力不足を解消するためには石炭火力発電が必要だ、とも釈明しています。世界で、約13億もの人々が電気にアクセスできない状態にあるのは事実です。しかし、途上国は、もはや化石燃料や原子力ではなく、再生可能エネルギーを推進しようとし始めています。再生可能エネルギーの方が、経済的にも環境的にもメリットが大きいからです。火力発電所や原子力発電所は、巨大なインフラであり、計画から稼働まで長い年月がかかり、高額です。さらに燃料も調達し続けなければなりません。汚染物質による国民の健康リスクもあります。一方、太陽光パネルや太陽熱温水器なら、必要なところへ装置を設置すればすぐに利用を始めることができ、運転中の燃料費は不要です。途上国の発展には、再生可能エネルギーの方が適しているのです。この時代にもなお海外に汚染源を増やしながら自国経済の成長をもくろむ

日本の成長戦略は、無責任で、かつ時代錯誤との批判を免れないでしょう。
　日本がもし石炭火力発電への支援をやめ、その高い技術力をもって、再生可能エネルギーや省エネルギーへの支援に力を注ぐなら、国際社会からは、批判ではなく賞賛を受けることでしょう。それこそが、パリ協定時代に日本が発揮すべきリーダーシップであり、国際的な地位を確立することになるのではないでしょうか。

COP23と「本日の化石賞」を報道する新聞各紙

---

28 Under the Rug
　https://www.nrdc.org/sites/default/files/swept-under-rug-coal-financing-report.pdf
29 信濃毎日新聞夕刊「COP23、日本存在感なく　不都合な決議や議論次々　石炭固執に批判　世界は「脱石炭」鮮明」2017/11/27
30 出典：気候ネットワーク他「報告書『石炭はクリーンではない―検証：日本が支援する海外の石炭火力発電事業』」2015年。
　https://www.kikonet.org/dirty+coal_20150424

Q10 石炭火力問題に、私たちには何ができるの？

A：知ること、伝えること、選ぶこと、他にもいろいろ！

1. 持続可能な未来ビジョンを描こう

本書で説明してきたとおり、私たちの未来の選択肢は、原発か石炭かの二者択一ではありません。選ぶべき道は、大規模集中型の電力システムから、地域分散型の電力システムに切り替え、再生可能なエネルギーへとシフトしていくことです。原子力発電から脱却しながら石炭火力を止めていくことは、不可能ではありません。その道すじは、省エネルギーを徹底してすすめながら、再生可能エネルギーの割合を増やし、石炭から順に化石燃料を減らし、2050年頃には再生可能エネルギー100％を目指していく姿です（図10-1）。日本でも十分可能なシナリオですが、今のまま政府や企業に任せているだけでは難しいのも事実です。これを実現させるためには、私たちが自らの手で未来を選んでいくことが必要なのです。

図 10-1　持続可能な電源構成への道筋

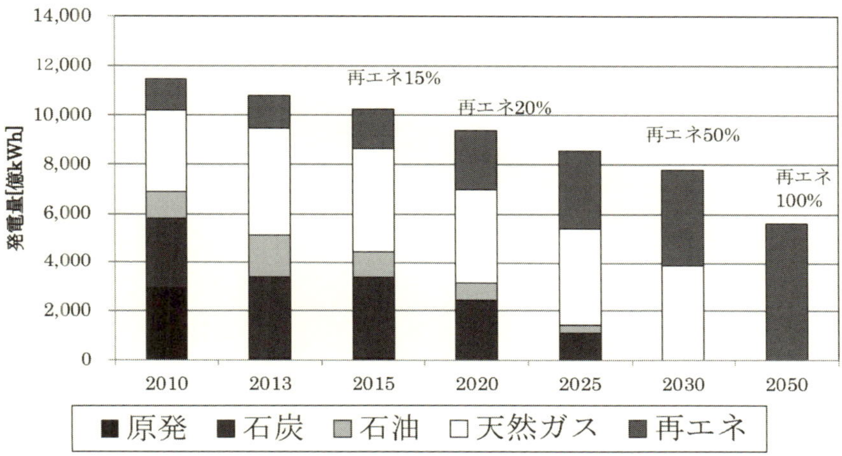

再エネ15%

再エネ20%

再エネ50%

再エネ
100%

発電量[億kWh]

14,000
12,000
10,000
8,000
6,000
4,000
2,000
0

2010　2013　2015　2020　2025　2030　2050

■原発　■石炭　■石油　□天然ガス　■再エネ

出典：気候ネットワーク

2. 私たちにできる10のこと

　私たちにできることを10にまとめてみました。

① 問題を知る

　ここまでお読みいただいた皆さんは、もう石炭火力のさまざまな問題についてご理解いただけたことでしょう。しかし、建設計画があること自体を知らない人も多いですし、知っていてもそこにさまざまな問題があることはほとんど知られていません。日本では、原発と同様に、石炭もクリーンだといわれ続けてきたためです。問題を知るということは、大事な一歩です。

Q10：石炭火力問題に、私たちには何ができるの？　　　61

② 伝え、共有する

知り得たことを、家族や友人、地域の仲間や、会社の同僚と、ぜひ話題にしてみてください。普段は、発電所の話題など話さないかもしれませんが、今世界で起きていること、日本で起きていることは、皆さんのこれからの社会生活にも大いに関係してきます。話題にとりあげることで、皆さんの関心を広めていってください。

③ さらに学ぶ

ご関心を持ってくださった方は、環境団体や地域の団体でより詳しい情報を入手し、さらに学びを進めることをお勧めします。ツイッターやFacebook などで情報を発信している団体もあります。以下は石炭火力発電所の問題の最新情報を伝えるウェブサイトです。

「DON'T GO BACK TO THE 石炭！」
　気候ネットワークが運営するこのページでは、「アンチコールマン」のキャラクターが石炭魔人と戦うアニメ動画や、全国の石炭火力発電所の所在地や計画などのマップ、さらに最新動向をお知らせする記事などを掲載しています。
URL: http://sekitan.jp/
Twitter：@anticoalman

＜地域で石炭火力発電問題に取り組む団体に関する情報＞
各地の運動を紹介したページ
DON'T GO BACK TO THE 石炭！「地域の活動」
http://sekitan.jp/local-movement/

仙台港の石炭火力発電所建設問題を考える会
URL：https://sendaisekitan.wordpress.com

Facebook：https://www.facebook.com/sendaipowerstation/

石炭火力を考える東京湾の会
URL：http://nocoal-tokyobay.net
Facebook：https://www.facebook.com/nocoal.tokyobay/
＊千葉、市原、袖ケ浦、横須賀の情報について掲載。

袖ケ浦市民が望む政策研究会
URL：http://seisakukenkyukai.web.fc2.com
ブログ：http://seisakukenkyukai.blog.so-net.ne.jp

蘇我石炭火力発電所計画を考える会
Facebook：https://www.facebook.com/soga.kangaerukai/

横須賀石炭火力発電所建設について考える会
Facebook：https://www.facebook.com/yokosuka.kangaerukai/

神戸の石炭火力発電を考える会
URL：https://kobesekitan.jimdo.com
Twitter：https://twitter.com/kobesekitan
Facebook：https://www.facebook.com/kobecoalfiredpowerplant/

④ 地域の集会や勉強会に参加する
　一人で考えるだけでなく、地域の集会や勉強会に参加し、人と一緒に考えることで、新たな発見やヒントがあるでしょう。現在、地域で石炭火力発電所問題を考える会が生まれていますが、いずれも最初は小さな集会と人々のちょっとした意識変革からはじまっています。ぜひ仲間づくりに挑戦してください。

⑤ 意思表示をする

　様々な媒体や機会を使って意思表示をすることはとても重要です。問題意識を持っていても、黙っていて何も行動しなければ、関心を持たない人となんら変わらないからです。身近なところで石炭火力発電所の計画がある場合には、その地域で行われている署名に参加することも有効です。署名は、問題意識を持っている人の数を可視化することができ、数が集まれば一定の影響力を持つことができます。

　新聞などに投書する方法もあります。2017年9月9日、神戸新聞には、10歳の子どもから「ぜんそくに火力発電は不安」という投書がありました。こうした声をきっかけに、共鳴する人の輪がつながっていくかもしれません。

　公的な制度を通じて意見を提出することもできます。環境アセスメント制度では、事業者が市民の意見を聞き、その意見に対して事業者が見解をまとめます。3回の提出機会があり、縦覧期間にあわせて約1ヶ月程度、意見を受け付けています。気候ネットワークでは、これまでに環境アセスメントで提出した意見を以下にまとめています。参考にしてみてください。

参考：気候ネットワークの石炭火力発電所建設計画に対する意見書一覧
http://www.kikonet.org/national/policies-measures/no-coal

⑥ 地元選出の議員に話をする

　気になる問題を、議員に持ちかけてみることも良い方法です。手紙やメールを書く、電話をかける、会いに行く、街頭で声をかけてみる、など、どんな方法でもいいでしょう。普段接点がないと気後れするかもしれませんが、国会議員や地方議会議員は、私たちが選出した国民・市民の代表です。議員の方々も、石炭火力の問題を知らないことが多いと思います。直接有権者から話を聞くことで、関心を持ち、議会や国会などで問題を取り上げて、解決のために動いてもらえるかもしれません。

⑦ NGO を支援する

　NGO は、様々な公共的な課題を解決するために活動をしています。環境 NGO の場合は、地球温暖化やその他の環境問題の解決のために、自ら情報収集をし、政府や議員に働きかけたり、新たな提案を行ったり、アドバイスを行ったりしています。石炭火力発電所の建設と利用を止めることは、地球温暖化を防ぐためにとても重要な活動の一つです。そのために活動する NGO をサポートすれば、より大きな成果につながります。

⑧ 再生可能エネルギーを重視する電力会社を選び、切り替える

　2016 年 4 月から電力小売全面自由化がスタートし、家庭ごとに電力会社を選ぶことができるようになりました。電力会社は大手の電力会社から小さな電力会社まで様々ありますが、再生可能エネルギーを多く利用している会社を選べば、石炭火力を減らすことに貢献できます。現状では、再エネ 100％の電力会社はほとんどないのですが、そこに向けて努力している会社もあります。「パワーシフト・キャンペーン」[31] では推奨する電力会社を紹介しています。電気を切り替え、足元からエネルギーシフトを実行しましょう。

パワーシフト・キャンペーンがおすすめする電力会社一覧
http://power-shift.org/choice/

⑨ 預金を、化石燃料企業を支援していない銀行に切り替える

　石炭火力発電所の建設には、銀行などから多額の融資を受けています。もしみなさんが、化石燃料企業に投融資をしている銀行にお金を預けているなら、そのお金は、石炭火力発電の開発に使われている可能性があります。本書でダイベストメントについてご紹介しましたが、個人でも、金融機関を切り替えることで、石炭関連産業へのお金の流れを止めることにつなげることができます。100 万円の預金を 100 人が切り替えたら 1 億円です。決して小さな額ではありません。以下のキャンペーンでは、環境に

やさしい銀行探しができます。

My Bank My Future（マイバンク・マイフューチャー・キャンペーン）

http://mybankmyfuture.org

⑩ 自らできることを考える

　以上のほかにもできることはたくさんあります。みなさんの得意なことや経験、社会の中での立場などを活かしてできることを探してみてください。もしあなたが学生なら、アウトドアが好きなら、外国が好きなら、お医者さんなら…。きっとそれぞれに、できることがあるでしょう。なかには、家庭での省エネ行動や、家電や住宅、車の省エネ化、太陽光パネルの取り付けなど、多くのことをやりつくりしてしまったと感じている人もいらっしゃるかもしれません。そのような方は、政府や企業が、私たちの思いとは逆に、石炭火力発電をどんどん建設しようとしていることについて、何ができるのかという観点でも考えを巡らせてみてください。

---

31 パワーシフト・キャンペーンとは、「市民や地域が主体となってつくられた自然エネルギーの電力を選びたい」という市民・消費者の声を集めて世論として広げ、政府に届けるとともに、電力会社に対してもニーズを伝えいくキャンペーン。â

広がる市民のアクション〜これまでの活動とその成果

1. 石炭火力発電所への反対運動の広がり

　全国各地で、石炭火力発電所の建設計画に反対して立ち上がる市民が増えています。

　宮城県仙台市では、計画に懸念を抱いた市民が、行政との面談や事業者への交渉を続ける中で輪を広げ、研究者、医師、自然保護活動団体、環境ボランティアなどが参加する「仙台港の石炭火力発電所建設問題を考える会（以下、仙台の考える会）」を発足させました。

　神戸では長年にわたって既存の発電所の反対運動を続けてきた環境団体や公害患者団体などのネットワークを基盤に、新たな団体を交えて神戸の石炭火力発電を考える会（以下、神戸の考える会）が立ち上がりました。

　また、千葉県千葉市、市原市、袖ケ浦市、神奈川県横須賀市でそれぞれ反対運動をしていた4つの団体は、のちにつながり、東京湾域の発電所に対して石炭火力を考える東京湾の会（以下、東京湾の会）として連携して活動しています。

2. さまざまな活動の展開

　各団体は、参加する人の専門性やこれまで積み重ねてきた実績、ネットワークなどのそれぞれの強みを活かして活動を展開していま

す。その手法はそれぞれに異なり、多岐にわたります。

① 問題を広め、行動へつなげる

　自分たちの地域に発電所が立つと知る人は案外少なく、発電所の問題点を知る人はさらに少数です。セミナーや現地見学会を開き、問題意識を高めることは最初の一歩です。東京湾の会では、千葉市で周辺住民へアンケートを行い、計画の認知度や賛否などを尋ねたところ、すでに多くの住民が大気汚染に悩まされていてこれ以上の発電所は不要だと考えていることが明らかになりました。問題意識が共有された後は、操業中止を求める署名や環境アセスメントの意見提出を促したり、事業者に対する反対の意思表明のハガキを送るアクションなどを展開して市民の声を形にしています。

　仙台や神戸では、地域の地道な活動が実を結び、隣接地域に反対グループが発足しました。仙台では発電所に反対する4万7000件以上の署名が集まっています。また、環境アセスメントにおいては、仙台高松発電所（仮称）に対しては約390件、神戸製鉄所火力発電所（仮称）に対しては約1200件もの意見が寄せられました。これらは過去の例と比較して格段に多く、市民の関心の高さと反対の意思を目に見える形で表しています。

② 事業者に直接声を届ける

　それぞれの地域では、建設を計画する事業者と面談し、担当者に直接の懸念を伝えています。また、事業者に問い合わせをすることでできる限りの情報を得ています。このほか、東京湾の会は、株主総会で、株主に石炭火力発電の問題点を訴えました。さらに仙台では発電所の

操業差し止めを求める裁判を起こし、神戸では公害調停を起こして事業者との話し合いの場を設けるなど、法的手段に訴えています。

もちろん、これらの活動の結果、事業者がすぐに計画を撤回するわけではありませんが、住民の声を無視することができないのも事実です。仙台の考える会は、事業者に対して再三にわたって説明会開催を要求してきました。事業者は当初は全く応じる姿勢がありませんでしたが、議会への請願などを通じた行動の後押しもあり、最終的に複数回の開催に至りました。東京湾の会が行ったアクションに対しては、事業者の幹部が「地元の意見は看過できない」とコメントしたことが報じられています。裁判や公害調停において事業者がさらに情報を開示することも期待されます。

③ 行政に政策対応や情報公開を要請する

行政に対しては、担当部署との面談や要請書を提出して問題を指摘し、政策対応を求めています。神戸の考える会は、兵庫県知事や神戸市長、県市の環境影響評価審査会に要請書を送り、発電所の計画や事業者が環境アセスメントで提出した書面の問題点を詳述し、計画反対の意見を出すように求めました。また、市長・県知事選などで公開質問状を送り、候補者の考えを明らかにするアプローチも取っています。条例にもとづく公聴会では意見を述べた全員が計画に反対しました。これらの意見は、環境影響評価審査会の審議資料として委員に配布され、委員に民意が伝えられました。

また、計画の詳細情報を得られないという大きな壁を打破するため、行政文書の情報開示請求制度も活用しています。情報開示請求した結果、小規模な発電所では、効率の悪い技術が用いられ、大気汚染物質の排出濃度が高いことが明らかになりました。神戸ではまた、事業者

が具体的なデータ提供を拒否してきたところ、環境影響評価審査会の要請を受けてようやく開示されました。その開示された情報によると、大気汚染物質の排出総量は現状よりも増える可能性が示されており、「環境影響を低減する」という事業者の説明は市民に誤解を与える不誠実な説明であったことが明らかになりました。

こうした取り組みを通じ、計画や事業者の姿勢の問題点が浮き彫りにされてきます。その結果、条例の環境影響評価の規模要件が変更され、これまで対象外であった規模の発電所にも環境アセスメントが必要になるなどの成果が見えています。2017年7月に実施された仙台市長選では、石炭火力発電所問題が争点の一つとなり、石炭火力に否定的な候補者が当選しました。そして、新市長はのちに、仙台市内に新たな石炭火力発電所は建設しないよう求める方針を日本の自治体として初めて打ち出しました。

④市民の声を議会に届ける

地方議会議員に対しては、資料送付や勉強会を開催して問題を知ってもらい、議会で質問をするよう働きかけています。仙台の考える会は、活動の趣旨に賛同する超党派の議員の紹介によって説明会開催を求める請願の提出を行いました。これが大きな足がかりとなり、前述のように事業者が説明会を開催するに至りました。兵庫県赤穂市や高砂市などでも市議会議員が、情報の共有や質問を通じて、議会で問題を取り上げました。

3. 活動の成果～これまでに6基の計画が中止に

市民のアクションは確実に成果を生み、市民や行政、事業者を動かしています。

兵庫県赤穂市では、60万kWの発電所2基が石油から石炭へ燃料転換される計画でしたが、2017年1月に計画見直しが発表されました。事業者の関西電力は、需要の低下などの経営環境の変化を理由に挙げていますが、それだけでなく、赤穂市では、市民活動に加え、超党派の市議会議員が強く反対をする状況が生まれていました。また、兵庫県知事が、CO_2排出削減を求める厳しい意見を提出していたことも、大きな後押し材料でした。

　同年3月には、千葉県市原市における100万kWの石炭火力発電所計画の中止が発表されました。関西電力と東燃ゼネラルは、事業の採算性の難しさを考慮したといわれていますが、同時に地元では市民の反対運動がありました。

　さらに、高砂市での計画（60万kW×2基）は、環境アセスメントの手続きの当面延期が2017年4月に発表され、2018年4月に

石炭火力を考える東京湾の会の一員として活動する市民

断念が発表されました。CO_2 排出制約と地元住民の反対が一定の歯止めになっていると考えられています。これらの計画の撤回には、市民の反対運動が一助になっています。

　この他、岩手県大船渡市の計画 1 基が中止になっています。

　また 2018 年 4 月には、四国電力が仙台の計画からの撤退を表明しました（共同事業者の住友商事は単独で継続）。会見では、市民の反対運動の影響を否定しませんでした。

　市民が問題意識を持ち、行動し、世論を形成していくことが、脱石炭に向けて重要な役割を果たしています。少しでも多くの市民が問題に気づくことが大切だということがおわかりいただけるでしょう。

あとがき

原発リスクも地球温暖化もない世界をめざして

　京都議定書採択から20年が経過しました。この間も地球温暖化、気候変動は進み、大規模な災害が現実のものとなりました。一方で、目にみえる変化が起こってきました。温室効果ガスの排出削減は経済や生活への負担ではなく、経済や社会を活性化し生活を豊かにするという方向性に変化してきています。

　しかし国内では、環境への負荷が大きい石炭火力発電所の新増設が計画され、世界に取り残されるという、危機的な状況にあります。私たちは、この危機を打破するために、本書で取り上げたことを各方面で提起しつづけています。私たちの活動は少しずつ知られるようになり、新聞や雑誌、テレビなどでもとりあげられるようになりました。また、「近くに石炭火力発電所の建設計画があったことを知らなかった。悪影響が大きいことに驚いた」「いまさら石炭火力がなぜ建設されるのか理解できない」など、各地の市民からもさまざまな反響があり、地域で反対の声をあげる人が出てきました。訴訟や公害調停も起こっています。関西電力や四国電力が進出する仙台の発電所について、「電気は東京へ、お金は県外へ、汚染は仙台に」という地元の方の指摘は、電力事業を巡るいびつな構造に気づかせられるものでした。

　しかし、現在ある計画の多くは、建設に向けて今も着々と進んでいます。状況はなお深刻であり、方向性を変えていくためには、もっと多くの方々に問題を知っていただかなければなりません。

　原子力発電とともに石炭火力発電から脱却し、再生可能エネルギー100%を実現することは、気候変動の進行を止め、公正で持続可能な社会・経済、くらし、健康を守る、誰にとっても好ましい結果をもたらします。

逆に、決断が遅くなればなるほど、負の影響が大きくなり、コストも増大することでしょう。

　本書が、皆さんへの気づきになり、日本の脱石炭を少しでも早く実現することに貢献し、次世代を含む世界の多くの人々の幸福で健康的な生活につながれば、私たちにとってこれ以上にうれしいことはありません。私たちも引き続き、脱炭素の社会の実現に向けて、精力的に取り組んでいきます。

　本書は、気候ネットワークの浅岡美恵、伊東宏、江刺家由美子、伊与田昌慶、鈴木康子、田浦健朗、豊田陽介、平田仁子、桃井貴子、山本元が分担して執筆・編集を行いました。貴重な助言を頂いた国内外の研究者やNGO関係者の皆様、出版の機会をいただいたかもがわ出版の三井隆典さん、そして、気候ネットワークの活動を支援してくださる全てのみなさまに、この場を借りて感謝を申し上げます。

気候ネットワーク プロフィール

気候ネットワークは、COP3（地球温暖化防止京都会議）の成功をめざして活動した「気候フォーラム」の趣旨・活動を受け継いで、1998年4月に設立されました。地球温暖化防止のために市民の立場から「提案×発信×行動」するNGO/NPOです。ひとりひとりの行動だけでなく、産業・経済、エネルギー、暮らし、地域等をふくめて社会全体を持続可能に「変える」ために、地球温暖化防止に関わる専門的な政策提言、情報発信とあわせて地域単位での地球温暖化対策モデルづくり、人材の養成・教育等に取り組んでいます。

ウェブサイト：http://www.kikonet.org
Facebook：@kikonetwork
twitter：@kikonetwork
Instagram：@kikonetwork

「人類の生存を脅かす気候変動を防ぎ、持続可能な地球社会を実現する」というミッションのもと、次の5つをめざしています。
1. 世界の温室効果ガスを大幅に減らす国際的なしくみをつくる
2. 日本での持続可能な低炭素社会・経済に向けたしくみをつくる
3. 化石燃料や原子力に依存しないエネルギーシステムに変える
4. 市民のネットワークと協働による低炭素地域づくり
5. 情報公開と市民参加による気候政策決定プロセスをつくる

編 者

特定非営利活動法人 気候ネットワーク

装 幀 菅田 亮

イラスト たけしまさよ

石炭火力発電 Q&A ―「脱石炭」は世界の流れ

2018 年 6 月 24 日　第 1 刷発行

編　者　© 気候ネットワーク
発行者　竹村正治
発行所　株式会社かもがわ出版
　　　　〒 602-8119　京都市上京区堀川通出水西入
　　　　TEL075-432-2868　FAX075-432-2869
　　　　振替 01010-5-12436
　　　　ホームページ http://www.kamogawa.co.jp
　　　　製作　新日本プロセス株式会社
　　　　印刷　シナノ書籍印刷株式会社

ISBN978-4-7803-0966-9 C036